荞麦酒

加工技术研究

张玉 著

QIAOMAIJIU JIAGONG JISHU YANJIU

U0209800

化学工业出版社

·北京·

《荞麦酒加工技术研究》论述了荞麦的品种、营养特性及保健成分；液态发酵荞麦酒加工技术、固态发酵荞麦酒加工技术及配制型荞麦酒加工技术；自动化酿酒技术、酒糟处理技术等内容。

《荞麦酒加工技术研究》中部分技术已经在一些企业成功应用，并配有大量的图表可供参考，具有较强的实践性和可操作性。本书可供酿酒行业技术研究者及农产品深加工技术研究人员参阅，也可供全国大中专院校酿酒专业大学生及职业技术院校相关专业师生参考。

图书在版编目（CIP）数据

荞麦酒加工技术研究/张玉著. —北京：化学工业
出版社，2019.4
ISBN 978-7-122-34218-8

Ⅰ.①荞…　Ⅱ.①张…　Ⅲ.①荞麦-酿酒-研究
Ⅳ.①TS261.4

中国版本图书馆 CIP 数据核字（2019）第 058319 号

责任编辑：尤彩霞　　　　　　　　　　　装帧设计：韩　飞
责任校对：宋　夏

出版发行：化学工业出版社（北京市东城区青年湖南街 13 号　邮政编码 100011）
印　　装：三河市延风印装有限公司
710mm×1000mm　1/16　印张 11½　字数 225 千字　2019 年 10 月北京第 1 版第 1 次印刷

购书咨询：010-64518888　　　　　　　　售后服务：010-64518899
网　　址：http://www.cip.com.cn

凡购买本书，如有缺损质量问题，本社销售中心负责调换。

定　　价：69.00 元

前言

近年来，随着生活水平的日益提高，人们越来越注重膳食结构的调整，杂粮的消费成为健康饮食时尚，被称为"五谷之王"的荞麦进入到人们的饮食搭配中。荞麦作为一种集营养、保健于一体的重要小宗杂粮作物，被称为"食药两用"的粮食珍品，不仅富含蛋白质、淀粉、脂肪、粗纤维、维生素、矿物元素等人体健康所需的多种营养成分，还具有较多的芦丁、槲皮素等黄酮类化合物，具有明显的降血糖、降血脂、抗氧化等保健作用。

荞麦在我国种植范围广泛，但是产品开发类型单一，加工程度低，产品的附加值低，而开发荞麦增值产品加工技术，对促进我国荞麦产业发展具有重要意义。在此背景下，荞麦酒应运而生。随着时代的进步，人们更注重健康饮酒、时尚饮酒和特色饮酒，而荞麦酒作为高品质生态酒、健康酒和时尚酒，日渐成为消费者的首选，市场需求大且前景好。

但是目前的荞麦酒加工技术参差不齐，导致市场上流通的产品质量也很不稳定。主要存在以下问题：（1）针对荞麦配制酒产品，多数企业是将荞麦中的黄酮类物质直接添加到白酒中去，虽然产品中有一定的保健成分，但也导致后期稳定性不高；（2）液态发酵工艺需要完善和提高其自动化水平，有效控制生产成本，降低对酒品质和产量的影响；（3）如何优选酿造微生物，来提高活性物质的含量和出酒率。这些问题的存在，是目前整个荞麦酒加工领域面临的挑战。

但是，到目前为止，还没有学者将荞麦酒生产技术，特别是系统化地把不同酿造类型荞麦酒产品开发及自动化创新型酿造技术等方面研究成果整合起来撰写成书，这也是著者撰写本书的初衷所在。但是针对此类书籍的需求却很大，除了能够为相关酿酒相关企业管理及技术人员、农产品深加工相关技术研发人员等提供技术指导外，还能够为全国大中专院校师生及职业技术院校相关专业学生提供详细的理论参考，具有很强的理论和实践指导意义。

为了给传统荞麦酒的生产工艺和产品的创新提供借鉴，本书着重从荞麦配制酒、发酵酒和蒸馏酒出发，从原料配比、菌种选育、糖化、发酵、蒸馏等不同环节分别研究了不同工艺参数对荞麦酒的影响，力求为荞麦保健酒的开发提供有效科学依据。本书共分 6 个章节，主要从荞麦及荞麦酒的营养保健特性、液态与固态发酵荞麦酒加工技术、配制型荞麦酒加工技术、自动化酿酒技术、酒糟处理技术等方面进行了较为详细的阐述。衷心希望有志于荞麦酒加工研究与实践的相关同仁，能够以本书为参考，开发出更多更有益于安全、环保、健康的荞麦酒，并能够从中产生更大的经济价值和社会价值。

　　本书的研究内容由著者主持的湖北省科技支撑项目（2015BBA154）——《荞麦深加工与一体化综合利用》资助研究。最后，感谢化学工业出版社的编辑们为本书的出版提供的大力支持和付出的辛勤劳动！

　　由于著者水平有限及时间仓促，书中难免存在疏漏与不足之处，敬请广大读者批评指正，以便后期更正。

著者

2019 年 4 月

目录

第1章 荞麦概况 1

1.1 荞麦简介 1
1.2 荞麦营养成分概况 1
  1.2.1 荞麦淀粉 2
  1.2.2 荞麦蛋白 3
  1.2.3 荞麦脂肪 3
  1.2.4 荞麦矿物质 4
  1.2.5 荞麦维生素 4
  1.2.6 荞麦多糖 4
  1.2.7 荞麦膳食纤维 4
  1.2.8 生物黄酮类 5
  1.2.9 活性多肽 7
  1.2.10 D-手性肌醇 7
  1.2.11 酚类物质 7
  1.2.12 其他活性成分 7

第2章 液态发酵荞麦酒加工技术 9

2.1 液态发酵荞麦酒简介 9
  2.1.1 荞麦黄酒 10
  2.1.2 荞麦啤酒 11
  2.1.3 荞麦清酒 12
2.2 苦荞麦黄酒加工技术 12
  2.2.1 材料与设备 12
  2.2.2 研究方法 13
  2.2.3 结果与分析 16
  2.2.4 结论 28

第3章 固态发酵荞麦酒加工技术 29

3.1 固态发酵酒简介 29

3.2　固态发酵酒生产工艺 ……………………………………… 30
　　3.2.1　浓香型白酒生产工艺 ……………………………… 30
　　3.2.2　酱香型白酒生产工艺 ……………………………… 33
　　3.2.3　清香型白酒生产工艺 ……………………………… 36
3.3　固态发酵苦荞麦白酒加工技术 ……………………………… 39
　　3.3.1　材料与设备 ………………………………………… 39
　　3.3.2　研究方法 …………………………………………… 40
　　3.3.3　结果与分析 ………………………………………… 44
　　3.3.4　结论 ………………………………………………… 53
3.4　苦荞麦白酒风味成分分析 …………………………………… 54
　　3.4.1　材料与仪器 ………………………………………… 54
　　3.4.2　研究方法 …………………………………………… 55
　　3.4.3　结果与分析 ………………………………………… 55
　　3.4.4　结论 ………………………………………………… 58

第4章　配制型荞麦酒加工技术　62

4.1　配制酒简介 …………………………………………………… 62
4.2　荞麦壳黄酮的提取与纯化 …………………………………… 62
　　4.2.1　材料与设备 ………………………………………… 63
　　4.2.2　研究方法 …………………………………………… 63
　　4.2.3　黄酮提取结果 ……………………………………… 68
　　4.2.4　精制后黄酮测定 …………………………………… 80
4.3　配制型荞麦酒稳定性研究 …………………………………… 80
　　4.3.1　材料与仪器 ………………………………………… 81
　　4.3.2　研究方法 …………………………………………… 81
　　4.3.3　结果与分析 ………………………………………… 82
　　4.3.4　结论 ………………………………………………… 84

第5章　自动化酿酒技术　85

5.1　自动化酿酒技术简介 ………………………………………… 85
5.2　酿酒生产自动化控制系统开发 ……………………………… 86
　　5.2.1　酿酒过程自动化控制 ……………………………… 86
　　5.2.2　白酒勾调自动化与信息化控制 …………………… 94
5.3　自动化酿造生产线开发 ……………………………………… 100
　　5.3.1　自动化酿造生产线设计原则 ……………………… 100

　　5.3.2　自动化酿造生产线关键设备 ·············· 101
　5.4　固态法荞麦酒自动化生产专用菌种选育 ·········· 117
　　5.4.1　生香酵母的选育 ····················· 117
　　5.4.2　产酱香功能菌的筛选及其特征风味化合物的研究 ········ 125
　　5.4.3　酯化红曲霉的筛选 ···················· 132
　5.5　固态荞麦酒自动化生产创新工艺研究 ············ 137
　　5.5.1　生香酵母在清香型荞麦白酒中的应用 ·········· 137
　　5.5.2　产酱香风味菌在酱/浓酱兼香荞麦白酒生产中的应用 ····· 143
　　5.5.3　浓、清、酱三香融合创新工艺 ·············· 151

第6章　酒糟处理技术　　161

　6.1　酒糟生产饲料 ······················· 161
　　6.1.1　烘干酒糟饲料 ····················· 161
　　6.1.2　青贮酒糟饲料 ····················· 162
　　6.1.3　利用酒糟生产蛋白饲料 ················· 162
　6.2　能源利用 ························· 163
　6.3　生产化工原料 ······················ 163
　　6.3.1　酒糟制备精甘油 ···················· 163
　　6.3.2　利用酒糟提取木糖 ··················· 164
　　6.3.3　酒糟制备丁二酸 ···················· 164
　6.4　酒糟生产实用材料 ···················· 165
　　6.4.1　酒糟制备细菌纤维素 ·················· 165
　　6.4.2　酒糟制备活性炭 ···················· 165
　6.5　生产食品和保健品 ···················· 166
　　6.5.1　利用酒糟生产食用菌 ·················· 166
　　6.5.2　酒糟生产食醋 ····················· 166
　　6.5.3　利用酒糟生产酱油 ··················· 167
　　6.5.4　酒糟制作饼干 ····················· 168
　　6.5.5　酒糟生产蛋白和多肽 ·················· 169
　6.6　酒糟生产有机肥 ····················· 170
　6.7　酒糟生产活性成分 ···················· 170
　　6.7.1　酒糟提取黄酮 ····················· 170
　　6.7.2　酒糟制备酵素 ····················· 171
　6.8　酒糟利用前景 ······················ 171

参考文献　　172

第1章

荞麦概况

1.1 荞麦简介

荞麦（*Fagopyrum esculentum* Moench.）属蓼科荞麦属，一年生草本植物，又名乌麦、甜荞、三角麦等。荞麦是短日性作物，喜凉爽湿润，不耐高温干旱，畏霜冻，是需要生长在潮湿地带的谷类作物。

荞麦有 4 个种，甜荞麦 *F. esculentum* Moench、苦荞麦 *F. tataricum*（L.）Gaertn、翅荞 *F. emarginatum* Mtissner 和米荞 *Fagopyrum* spp。甜荞麦和苦荞麦是两种主要的栽培种。目前，已收集到的地方品种有 3000 余个，其中甜荞麦、苦荞麦各占一半。

目前，荞麦的主产国和利用国主要有俄罗斯、中国、印度、日本、意大利、加拿大等，它是世界粮食作物中的小宗作物之一。我国各省均有荞麦种植，主要产区集中在西北、东北、华北以及西南一带高寒山区，尤以北方为多，分布零散，播种面积因年度气候而异，变化较大。

荞麦作为我国重要的传统杂粮作物，具有较高的营养、药用及保健价值。近二十年来，我国对荞麦展开了一系列研究以及开发利用，并获得了很大的进展。我国目前的荞麦产业集群可以分为西北区（陕甘宁蒙晋）和西南区（云贵川藏）两个。

1.2 荞麦营养成分概况

荞麦含蛋白质、淀粉、脂肪、粗纤维、维生素和矿物元素等营养成分全面，与其他大宗食物相比，具有许多独特的优势。荞麦中含有蛋白质（10％左右）、粗脂肪（2.1％～2.8％）和多种氨基酸，还含有其他粮谷不具有的黄酮类物质（占干质量的 2％以上），其中主要是芦丁（约占 80％）。

表 1-1 为苦荞麦与甜荞麦、小麦、大米、玉米的各类营养成分的对比。

表 1-1　苦荞麦与甜荞麦、小麦、大米、玉米的营养成分对比

成分	苦荞麦	甜荞麦	小麦	大米	玉米
粗蛋白/%	10.50	6.50	9.90	7.80	8.50
粗脂肪/%	2.15	1.37	1.80	1.30	4.30
淀粉/%	73.11	65.90	74.60	76.60	72.20
纤维素/%	1.62	1.01	0.60	6.40	1.30
维生素 B_1/(mg/g)	0.18	0.08	0.46	0.11	0.31
维生素 B_2/(mg/g)	0.50	0.12	0.06	0.20	0.10
维生素 P/%	3.05	0.095~0.21	0.00	0.00	0.00
维生素 PP/(mg/g)	2.55	2.70	2.50	1.40	2.00
叶绿素/(mg/g)	0.42	1.304	0.00	0.00	0.00
钾/%	0.40	0.29	0.195	1.72	0.270
钠/%	0.033	0.032	0.0018	0.0072	0.0023
钙/%	0.016	0.038	0.038	0.0072	0.0022
镁/%	0.22	0.14	0.051	0.063	0.060
铁/%	0.086	0.014	0.0042	0.024	0.0016
铜/(mg/kg)	4.59	4.00	4.00	2.20	—
锰/(mg/kg)	11.70	10.30	—	—	—
锌/(mg/kg)	18.50	17.00	22.80	17.20	—

1.2.1　荞麦淀粉

　　淀粉是荞麦种子的主要成分，占干重的 70% 以上，其淀粉与禾谷类作物籽粒中的淀粉含量相当，但其淀粉颗粒较细小，其所含淀粉直径比普通淀粉粒小很多，多属软质淀粉，其中抗性淀粉和直链淀粉含量较高。

　　荞麦淀粉中直链淀粉的含量在 20%~28% 之间。淀粉颗粒多为多边形，大小为 $2~15\mu m$，平均直径为 $6~7\mu m$，多态性为 A 型。抗性淀粉的含量 7.5%~35.0%，荞麦抗性淀粉颗粒无固定形状，颗粒直径约 $150\mu m$，不是结晶型颗粒，是玻璃体型。抗性淀粉能由结肠中的大肠杆菌发酵分解，不能由小肠的消化淀粉降解，它具有和膳食纤维相似的作用，多食用可辅助治疗便秘、减肥、防止血糖升高、增强免疫力。

　　食品加工过程中常用粉碎方法来对荞麦进行处理，较普通粉碎而言，超微粉碎有助于提高荞麦抗性淀粉的含量，能使抗性淀粉含量提高 6% 左右。加工中常用的湿热处理和退火处理方式可有效地改善普通荞麦淀粉的理化性质和体外消化率，提高了其热稳定性和健康效益。荞麦淀粉因具有独特的加工特性和功能特点，因此，在各种食品和非食品用途上具有巨大的潜力。

1.2.2 荞麦蛋白

荞麦种子中的蛋白含量在6.5%～17%之间，荞麦蛋白具有多种生理功能，如改善便秘、抑制脂肪积累等，预防胆结石、高血脂、高血压、高血糖等，同时还有抗疲劳的作用，可作为添加剂用于保健食品中。

苦荞麦中蛋白质的含量比甜荞麦高，主要由清蛋白、球蛋白、醇溶性蛋白和谷蛋白4种类型构成。以上四种组分中清蛋白的含量最高，为43.82%，其次是谷蛋白14.58%，醇溶性蛋白10.50%，球蛋白的含量最低，为7.82%。苦荞麦蛋白质的氨基酸组成比较均衡，氨基酸比例更接近鸡蛋，具有较高的生物效价，优于大米、小麦、玉米、小米，是优质蛋白质的良好来源。在组成苦荞麦蛋白的20种氨基酸中，包括人体必需的8种氨基酸（表1-2），氨基酸比例平衡，人体限制性氨基酸——赖氨酸含量相对较高。

表1-2 苦荞麦和大宗粮食的8种必需氨基酸含量 单位：%

氨基酸的种类	甜荞麦种子	苦荞麦种子	小麦	大米	玉米
苏氨酸	0.2736	0.4173	0.328	0.288	0.347
缬氨酸	0.3805	0.5493	0.454	0.403	0.444
甲硫氨酸	0.1504	0.1834	0.151	0.141	0.161
亮氨酸	0.4754	0.7570	0.763	0.662	1.128
赖氨酸	0.4214	0.6884	0.262	0.277	0.251
色氨酸	0.1094	0.1876	0.122	0.119	0.053
异亮氨酸	0.2735	0.4542	0.384	0.245	0.402
苯丙氨酸	0.3864	0.5431	0.487	0.343	0.395

1.2.3 荞麦脂肪

荞麦中含有1.3%～2.8%的脂肪，其中苦荞麦中的粗脂肪含量较高，为2.1%～2.8%，在常温下呈固体状态，黄绿色，无味。荞麦脂肪含有9种脂肪酸，其脂肪酸多为不饱和的油酸和亚油酸，均为人体必需的脂肪酸，占总脂肪酸的87%，亚麻酸占总脂肪酸的4.29%，棕榈酸占总脂肪酸的6%。在苦荞麦中还含有硬脂酸、肉豆蔻酸等，分别占总脂肪酸的2.51%和0.35%。

亚油酸在人体内能合成花生四烯酸，是合成前列腺素和脑神经的重要成分。食用荞麦可使人体增加多不饱和脂肪酸，有助于降低血清胆固醇和抑制动脉血栓的形成，亚油酸在调节人体血压、降低血脂、预防动脉粥样硬化和心肌梗死等心血管疾病方面有良好的作用，可提高酶的催化活性。荞麦中含有的2,4-二羟基顺式肉桂酸，可以抑制皮肤生成黑色素，有预防雀斑和老年斑的作用。

1.2.4　荞麦矿物质

荞麦富含矿物质和微量元素，苦荞麦含有人体必需矿质元素镁、钾、铁、锌、铜、硒等，其中，铁、锰、钠的含量很高，其中镁的含量远高于小麦和大米中镁的含量。镁能促进人体内纤维蛋白溶解，能有效抑制胆固醇形成，调节心肌活动，预防心肌梗死，扩张外周血管，防治高血压，镇静神经系统。苦荞麦中铁元素含量丰富，为其他主粮的 2～5 倍，能促进人体制造血红素，防止缺铁性贫血的发生。硒被称为"生命的奇效元素"，在我国的一些荞麦产区，属于富硒地区，因而荞麦中硒的含量较高。硒具有抗氧化和调节免疫功能，在人体内可与某些金属元素相结合形成一种不稳定的"金属-硒-蛋白"复合物，有助于排除体内的有毒物质。荞麦中含有的三价铬，是构成"葡萄糖耐量因子"的重要活性物质，具有增强胰岛素的功能，对改善葡萄糖耐量、降低血糖均具有十分重要的作用。

1.2.5　荞麦维生素

苦荞麦维生素含量充足，维生素 B_1、维生素 B_2 含量较高，高于小麦面粉、大米、玉米面，具有增进消化、预防炎症的功效。维生素 PP（烟酸）的含量高于大米，而叶绿素和芦丁，是其他谷物所不含有的。特别是苦荞麦富含芦丁，含量高达 1.08%～6.6%。芦丁是维生素 P 的主要成分之一，它属于黄酮类衍生物，具有重要的生理功能，可以维持毛细血管的抵抗力，降低毛细血管的通透性及脆性，促进细胞增生和防止血液凝集。同时维生素能够促进芦丁在体内积蓄，增强人体的免疫功能。苦荞麦中丰富的维生素 E 还可以促进细胞再生，防止衰老。

1.2.6　荞麦多糖

荞麦籽粒中的多糖含量比较高，而且也具有多种功能。例如大分子的荞麦多糖具有较强的免疫活性因子，对清除 DPPH（即 1,1-二苯基-2-三硝基苯肼）和羟自由基有很强的作用，是一种良好的天然抗氧化剂。苦荞麦多糖还能改善小鼠铅中毒现象，可改善铅中毒造成的体内损伤。除此以外，荞麦多糖还具有抗疲劳的作用。通过给小鼠服用苦荞麦多糖，发现小鼠的力竭游泳时间显著延长，肝糖原和肌糖原含量升高，而血乳酸和血尿素氮的浓度均有不同程度的降低。

1.2.7　荞麦膳食纤维

膳食纤维是一种多糖，它既不能被胃肠道消化吸收，也不能产生能量，且属于天然存在于食物中的可食用碳水化合物。粮食作物是中国居民获得膳食纤维的主要来源之一，荞麦不同基因型间总膳食纤维含量的变异幅度为 4.61%～40.95%，平均值为 17.18%，明显高于常见的粮食作物，荞麦尤其是苦荞麦中的膳食纤维含量较高。

目前对荞麦膳食纤维的研究主要集中在对荞麦膳食纤维的提取工艺以及膳食纤维的开发利用方面。苦荞麦麸皮含有大量的膳食纤维和胶质状的葡聚糖，是膳食纤维的主要来源，但在苦荞麦面粉加工过程中通常作为副产物被丢弃，因此，针对苦荞麦麸皮中膳食纤维的合理开发与利用具有重要研究意义。

1.2.8 生物黄酮类

黄酮类化合物是一类具有强大抗氧化性能的次生植物酚类物质，具有抗氧化、清除自由基、降血脂、抗菌、抗病毒和抗肿瘤等多种药理作用，广泛应用于医药和保健食品行业。

黄酮类化合物是荞麦中最重要的保健功能因子，在谷物类作物中，只有荞麦中含有黄酮类化合物。荞麦籽粒及植株的不同部位均含有黄酮类化合物，且苦荞麦中的黄酮类化合物是甜荞麦的 $10 \sim 100$ 倍。苦荞麦黄酮类物质含量不仅与品种有关系，还和种植条件有较大的关系。但在同一植株中，黄酮类物质含量顺序通常为：花＞叶＞种子＞茎。其中苦荞麦花中的黄酮类化合物平均含量为 7.4% 、叶中为 5.3% 、籽粒中为 2.01% 、茎中为 1.0% 。

1.2.8.1 黄酮类化合物结构性质

黄酮（flavonoids）是一类由 15 个碳原子组成基本骨架的化合物，大部分黄酮由 A、B、C 三个环组成，骨架中有两个苯环，如图 1-1 所示。

黄酮类化合物种类繁多，根据母核基本结构的不同，可以将该类化合物分为黄酮类、黄酮醇类、查尔酮、橙酮类、异黄酮类、花色素类等。

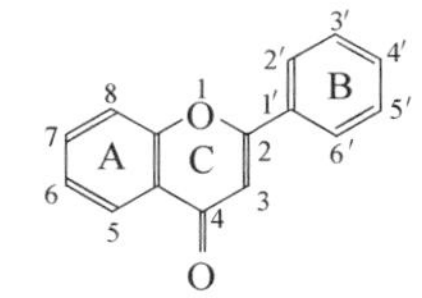

图 1-1　黄酮的基本骨架

荞麦中含有的芦丁和槲皮素，属于黄酮醇类，其结构如图 1-2 所示。它们不仅具有抗氧化、抗炎和抗癌作用，降低人体因血红蛋白和高血压引起的血管脆性，保持及恢复毛细血管的正常弹性，还可用于预防因糖尿病引起的视网膜出血和出血性紫癜等，也用作食品抗氧化剂和色素。

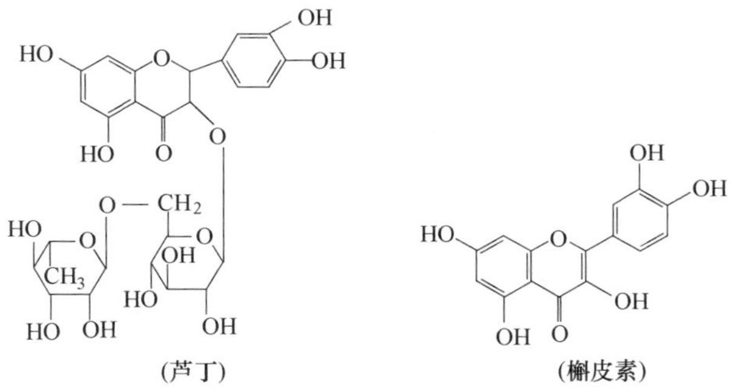

（芦丁）　　　　（槲皮素）

图 1-2　芦丁和槲皮素结构图

大多数黄酮类化合物具有一个或多个酚羟基，因而呈酸性。黄酮类化合物种类繁多，结构差别较大，因此溶解度也有较大差别。游离的黄酮类化合物难溶于水，易溶于稀碱溶液和有机溶剂，如甲醇、乙醇、乙醚等。当分子中引入羟基或糖，极性增强，在极性溶剂中的溶解度也增大。黄酮、黄酮醇及查尔酮等分子结构平面性强，分子难溶于水；二氢黄酮及二氢黄酮醇等非平面分子在水中的溶解度则稍大。以离子形式存在的花青素类，在水中溶解度较大。

1.2.8.2 黄酮化合物的生理功能

（1）抗自由基和抗氧化作用

黄酮类化合物的抗氧化活性主要表现在以下三个方面。

① 生物体常常会产生一些具有极强氧化能力的自由基，这些自由基能和脂质在过氧化氢酶的作用下使大分子成分发生氧化变性、DNA 交联和断裂，引起癌症等疾病。黄酮类化合物具有很强的清除氧自由基的能力，通过清除机体内的自由基达到抗氧化作用。

② 黄酮类化合物属于多酚羟基化合物，在结构上具有还原基团，在复杂的反应体系中，其特殊的结构使其可与 Zn^{2+}、Cu^{2+} 等金属离子进行络合，从而使含有这些金属离子的相关酶的活性受到抑制，从而起到抗氧化作用。

③ 通过选择性地与体内氧化酶结合，抑制体内氧化酶的活性从而抑制相关氧化反应。

（2）杀菌消炎、免疫调节作用

黄酮可以抑制各类细菌，如大肠杆菌、金黄色葡萄球菌和枯草芽孢杆菌等，对伤口愈合有恢复作用。苦荞麦中的黄酮化合物一般显酸性，一些蛋白质在酸性环境中会变性、凝固，进而导致部分细菌死亡。黄酮类化合物还可以通过作用于免疫器官、调节体内激素分泌、降低生长抑制素水平等途径增强机体免疫功能。

（3）抗癌、抗肿瘤作用

黄酮类化合物具有较强的抗病毒、抗肿瘤活性，可以通过抗自由基，抑制癌细胞生长；对抗致癌、促癌因子和诱导肿瘤细胞凋亡等，起到抗肿瘤作用。黄酮类化合物对肿瘤细胞具有细胞毒作用，而对正常细胞则无毒性和致突变作用，呈现出正向免疫作用。

黄酮能够减小甚至消除一些致癌物的毒性，如山奈素和芦丁可抑制黄曲霉毒素的致癌性。从荞麦中分离出原花色素缩合性单宁混合物对癌细胞进行临床实验，得出荞麦的抗癌物质会导致癌细胞蛋白质及酶的合成功能障碍，使得细胞死亡。从体外实验得出，苦荞麦粉提取液能显著清除亚硝酸根，对于防癌和抗癌有重要作用。

（4）治疗糖尿病、高血压和高血脂

黄酮类化合物能够促进胰岛细胞的恢复、降低血糖和血清胆固醇、扩张血管、调节心肌收缩、缓解偏头痛及动脉硬化等疾病。芦丁、槲皮素等可以抑制脂蛋白的氧化，扩张冠状血管，从而降低发生冠心病的危险；通过降低毛细血管脆性和通透性作用，对脑出血等有较好的预防作用；还可抑制血管紧张素转换酶的活性，运用于高血压症的控制与治疗。

（5）抗缺血作用

实验表明，苦荞麦黄酮可明显抑制脑缺血时小鼠体内 MDA（丙二醛）含量的升高，得出苦荞麦黄酮对脑缺血具有保护作用。苦荞麦黄酮还可显著对抗糖尿病大鼠脑组织 GSH（谷胱甘肽）水平下降，恢复 Na^+、K^+ 水平和 ATP 酶活力，增加坐骨神经内血流量，说明苦荞麦黄酮可以保护糖尿病动物的神经功能，这可能是通过增加神经内流血量来实现的。

1.2.9　活性多肽

苦荞麦生物活性肽是苦荞麦蛋白经过蛋白酶作用后产生的，具有生物活性和低抗原性，是由几个至几十个氨基酸组成的肽类混合物，其组分和苦荞麦蛋白质大致相同，但更容易被人体消化吸收，具有溶解度好、肠道吸收速度快、吸收速率高、热稳定好等特点。由苦荞麦粉水解制得的水解产物能降血液、肝脏胆固醇，抑制体内脂肪蓄积，促进排泄，改善便秘，抑制肿瘤，延缓衰老，抑制有害物的吸收等。

1.2.10　D-手性肌醇

D-手性肌醇（D-CI）是胰岛素作用机理中的重要介体，具有促进糖原合酶和丙酮酸脱氢酶的去磷酸化作用。苦荞麦种子麸皮和外层粉中 D-CI 含量较多，而心粉中含量较低。D-手性肌醇在胰岛素的信号传导过程中发挥着极为重要的作用，当体内缺乏足够的 D-CI 时，会导致胰岛素拮抗现象。所以，补充 D-CI 可提高机体组织对胰岛素的敏感性，消除胰岛素抵抗，从根本上调节机体的生理机能和代谢平衡，从而降低糖尿病的发生率。

1.2.11　酚类物质

多酚类化合物是苦荞麦中最重要的营养保健功能因子，具有良好的抗氧化活性。苦荞麦粉总酚含量高于甜荞麦，是甜荞麦的 2～3 倍。苦荞麦中的抗氧化能力与多酚物质含量呈线性相关，苦荞麦麸皮抗氧化活性最强，主要以自由酚形式存在，苦荞麦麸皮可以作为优质的功能性食品的良好来源。苦荞麦中酚类物质可以抗哮喘、止咳、抗心律失常和抗疱疹病毒。

1.2.12　其他活性成分

植物甾醇存在于苦荞麦的各个部位，主要包括 β-谷甾醇、菜油甾醇、豆甾醇等。植物甾醇对多数慢性疾病都有药理作用，具有抗病毒、抗肿瘤、抑制体内胆固醇的吸收等作用。β-谷甾醇是荞麦胚和胚乳组织中含量最丰富的甾醇，约占甾醇的70%，它不能被人体吸收，在体内和胆固醇之间有强烈的竞争抑制作用。荞麦种子中存在的硫胺素结合蛋白，可转运和储存硫胺素，还可提高硫胺素储藏的稳定性和生物利用率，是特定人群很好的硫胺素补给资源。荞麦还含有缩合鞣质类，如原矢车菊素和没食子酸酯等，前者具有良好的抗肿瘤、抗氧化等活性。另外，荞麦中的荞麦碱和多羟基哌啶化合物（含氮多羟基糖），都具有很好的降糖作用。

第 2 章

液态发酵荞麦酒加工技术

荞麦酿酒自古有之，据传最早为苏东坡酿造，后流传至今。当时荞麦酒的酿造是以精选优质荞麦为原料，经传统的发酵工艺精制而成，成品清亮透明，入口纯正，酒香浓郁，回味悠长。

随着社会的发展和广大酒类消费者对健康的日益关注，人们对荞麦酒的需求也越来越大。越来越多的消费者在购买酒时更愿意去对比同种类型酒中是否含有更多的对人体有利的保健成分。因此，酒厂对于荞麦酒的加工方式也日渐倾向于如何提高酒体中的有效保健成分上。

丰富的荞麦资源与黄酒发酵技术相结合，可以扩宽黄酒的保健范围，提高消费者的健康水平。苦荞黄酒的发酵过程，可以将苦荞麦中的复杂成分分解成简单物质，明显提高荞麦中营养物质的吸收和适口性，其营养价值和保健价值也得到大幅提升。

随着人们生活水平的提高、健康理念的普及和对饮食健康的关注，未来的酒类消费更趋向于理性。国内外市场对兼具口感享受和健康功效的天然保健酒的需求日益增大，荞麦酒产业因而面临着诸多的机遇与挑战，急需对其酿造工艺进行系统研究，明确发酵过程中活性成分之间的转化及机理，提高产酒获得率，优化澄清工艺，最大程度地保留原料中的有效功能活性成分，并对荞麦酒的保健功能进行综合评估，加快其产业化的开发进程，使我国荞麦保健酒产业得以健康良好的发展。

荞麦酒主要有三种生产加工技术：一种是液态发酵技术；一种是固态发酵技术；一种是配制酒加工技术。不管是哪种加工方式，应使其加工制得的成品中富含荞麦特有的营养功效成分，这是荞麦酒加工技术的关键点，也是消费者购买荞麦酒产品的初衷所在。

2.1 液态发酵荞麦酒简介

以荞麦为酿酒原料，通过液态发酵酿出的酒，具有一定的食疗功效，满足广大消费者对营养健康方面的需求。因此，液态发酵荞麦酒有着广阔的发展空间，有望走出一条有中国特色的保健酒之路，增强与国际保健食品或饮料酒竞争的能力。

液态发酵荞麦酒可制得荞麦黄酒、荞麦啤酒、荞麦清酒，下面分别对这三类液态发酵荞麦酒的加工工艺进行介绍。

2.1.1 荞麦黄酒

2.1.1.1 荞麦黄酒的营养价值

荞麦黄酒是以营养价值高的荞麦为原料，通常采用纯麦曲为糖化发酵剂，采用传统黄酒固有的工艺酿制而成的一种新型黄酒，故其既保留了荞麦部分固有的营养成分，又融合了麦曲中的营养成分。

检测分析结果表明，荞麦黄酒中蛋白质、氨基酸含量极为丰富，蛋白质高达0.97%，氨基酸总量达 8000mg/L 之多，氨基酸种类多至 18 种，其中人体内不能合成的 8 种必需氨基酸的量占其总量的 21%。

在营养学上，食用蛋白质最重要的意义在于供给人体必需的氨基酸。由表 2-1 荞麦黄酒中氨基酸的组成模式可知，其营养价值很高，故荞麦黄酒是上乘的饮料酒。

表 2-1　荞麦黄酒氨基酸构成及含量

氨基酸构成	氨基酸含量/(mg/L)	氨基酸构成	氨基酸含量/(mg/L)
天冬氨酸	585.0	异亮氨酸[①]	212.0
苏氨酸[①]	255.0	亮氨酸[①]	379.0
丝氨酸	438.0	酪氨酸	190.0
谷氨酸	2212.0	赖氨酸[①]	289.0
脯氨酸	1147.0	组氨酸	149.0
甘氨酸	487.0	精氨酸	762.0
苯丙氨酸[①]	285.0	色氨酸[①]	—
胱氨酸	29.0	丙氨酸	423.0
缬氨酸[①]	313.0	合计	8228.0
甲硫氨酸[①]	73		

①为人体不能合成的必需氨基酸。

荞麦原料中含有大量的维生素，因而其酿制的黄酒中的维生素亦极丰富，主要有维生素 B_1、维生素 B_2、维生素 B_5、叶酸、维生素 P 等，其中维生素 P（芦丁）为一种黄酮类物质，其酒中含量高达 1.2×10^{-5} mg/L。荞麦黄酒中含有丰富的矿物质和微量元素，特别是其中的一些微量元素，是当今科学评价饮料、饮料酒及其他诸多食品营养价值高低的一项重要指标。荞麦黄酒中富含的矿物质、微量元素可与其中的蛋白质、氨基酸、维生素等营养物质一起，起到互相协调、补充的作用。

2.1.1.2 荞麦黄酒的酿造工艺简介

（1）淋饭培菌法酿造荞麦黄酒

生产工艺流程：优质荞麦→浸泡除杂→淋饭蒸料（间接蒸汽）→淋冷降温→搭窝糖化→投水发酵→低温后酵→机械压榨→精心勾兑→巴氏灭菌→热酒灌坛→入库

后储

工艺特点：颗粒荞麦、短期浸泡、淋饭蒸料、块曲糖化、糖化酶辅助糖化、活性干酵母发酵、双边发酵、添加剂澄清、热酒灌坛、坛装后储。

（2）芦丁回添酿造荞麦黄酒

在荞麦发酵之前粗提取芦丁混合物，方法是：按生产配方需要称取灭酶荞麦，用水或 2%～70% 的食用乙醇溶液提取，料液质量比为 1：（3～10），70℃ 以上沉淀过滤、浓缩、冷却得到粗芦丁结晶混合溶液。利用传统技术发酵生产荞麦黄酒，发酵结束回添芦丁溶液，生产的芦丁黄酒与普通黄酒的色泽、口感、口味和成本差别很小，含芦丁 10～50mg/100mL，高血压、高血脂、糖尿病人饮用更佳。

（3）荞麦黑米黄酒的研制

采用液态法酿造荞麦黑米黄酒，方法是：将荞麦粉和黑米粉按照质量比 2：1 混合后，加水配制成料液质量体积比 1：5（g：mL）的荞麦浆，调 pH6.0，加入淀粉酶 4IU/g 原料，在 65℃ 液化 60min，还原糖含量达到 9.50mg/mL；再加入糖化酶 100IU/g 原料，调 pH5.0，在 70℃ 下糖化 2h，还原糖含量达到 61.0mg/mL。最后加入活化的黄酒酵母，酵母接种量 0.3%，28℃ 发酵 8d，得到发酵液中残余还原糖含量 5.84mg/mL，总酸 0.58g/L，酒精度 10.2%（体积分数），口感色泽较好，具有荞麦的特殊风味。

2.1.2　荞麦啤酒

2.1.2.1　荞麦啤酒生产简介

以荞麦为主要原料或辅料制成的啤酒，泡沫洁白细腻、口味干净清爽、具有荞麦特有的水果或坚果香味，且荞麦酒融合了原料荞麦原有的营养成分，更适合当前人们对健康、保健型啤酒的需求，因而对于酿酒师来说，荞麦啤酒的生产具有一定的市场潜力。

2.1.2.2　荞麦啤酒工艺

荞麦保健啤酒的制备工艺如下。

① 在糖化锅中加矿泉水、麦芽、蛋白酶和糖化酶，再加入乳酸调整 pH 值至 5.6～6.0，于 48～52℃ 保温 60～90min。

② 在糊化锅中加入矿泉水、大米和荞麦，每制备 1000L 啤酒加入荞麦 60～100kg，再加入 α-淀粉酶 22～42g，用乳酸调 pH 值至 5.8～6.2，升温至 48～52℃，再升温至 70℃ 保温 20min，再升温至煮沸，煮沸 30～40min，得醪液。

③ 将糊化锅中的醪液全部打入糖化锅，62～64℃ 糖化 75～90min，然后过滤；再加入煮沸过的 76～78℃ 热水反复洗糟过滤至控制糖度 12°Bx（°Bx 指每 100g 麦芽汁中可溶性固形物的克数）。

④ 在煮沸锅中预先分别加入少量偏重亚硫酸钾和氯化钙，然后将步骤③中的滤液加入到煮沸锅中，再加白砂糖，然后开始升温煮沸，在煮沸锅中物质沸腾前加

入乳酸 30g，调整 pH 值至 5.2～5.4，再加入酒花，煮沸锅中物质沸腾 75min 后再一次加入酒花。

⑤ 将煮沸锅中的物质转入回旋沉淀槽，沉淀 30min，再将其冷却至 6～8℃，充入氧气后转入发酵罐。

⑥ 在发酵罐中加入酵母泥，自然升温至 12℃，并保持该温度发酵直至糖度降至 4.0°Bx，然后封罐，升压至 0.12～0.15MPa，保持至双乙酰降至 1.2×10^{-5} mg/L 以下，然后以 0.3℃/h 的速度降温至 6℃，排出酵母后，再以 0.3℃/h 的速度降温至 0℃贮存，直至储酒成熟。

⑦ 将步骤⑥中得到的酒液过滤、灌装、封口、杀菌，即得荞麦啤酒成品。

2.1.3　荞麦清酒

荞麦清酒的原料是大米和荞麦米，以粒大的软质米为宜，其酿造工艺如下。

配料→预处理↘

荞麦预处理→混合→拌曲→糖化→发酵→过滤→杀菌→灌装→成品

在清酒的酿造中加入荞麦不仅可以改善口感，提升酒品的档次，而且还能够起到很大的保健作用。

虽然荞麦在发酵酒中主要应用于黄酒和啤酒中，截至目前，荞麦在红酒和清酒中都未有明显的应用，但是著者认为在这方面还是可以继续研究和发展的，因其可以丰富荞麦酒产品市场，为消费者提供更多可供选择的荞麦酒产品。

2.2　苦荞麦黄酒加工技术

荞麦黄酒具有较高的营养和保健价值，其市场前景广阔。但是在目前的酿酒行业，由于酿造技术水平的差异，造成产品的品质参差不齐，这使得目前荞麦黄酒产业仍面临着诸多的机遇与挑战。因此，急需对荞麦黄酒酿造工艺进行系统的研究。在此背景下，著者以糯米和苦荞麦为原料，依托传统黄酒工艺酿造苦荞麦黄酒，对糖化、前发酵以及后发酵阶段进行工艺优化，以还原糖含量、酒精度和感官评价为评判标准，得出最佳的苦荞麦黄酒酿造工艺，并对荞麦黄酒后期的澄清技术进行了系列探索，以期能为荞麦黄酒的规模化生产提供一定的借鉴意义。

2.2.1　材料与设备

2.2.1.1　酿酒原料

苦荞麦：雁门清高苦荞麦。

糯米：购于武汉市白沙洲农贸市场。

甜酒曲：苏州蜜蜂甜酒曲。

生麦曲：绍兴东方酒业有限公司。

2.2.1.2　主要试剂

所用的主要试剂如表 2-2 所示。

表 2-2　主要试剂

试剂名称	试剂规格	生产厂家
芦丁	BR	西陇化工股份有限公司
亚硝酸钠	AR	西陇化工股份有限公司
硝酸铝	AR	西陇化工股份有限公司
氢氧化钠	AR	西陇化工股份有限公司
五水硫酸铜	AR	西陇化工股份有限公司
酒石酸钾钠	AR	西陇化工股份有限公司
亚铁氰化钾	AR	西陇化工股份有限公司
浓盐酸	AR	中平能化集团
甲醛	AR	西陇化工股份有限公司

2.2.1.3　主要仪器

所用的主要仪器如表 2-3 所示。

表 2-3　主要仪器

设备名称	型号	厂家
电子天平	TP310Z	北京赛多利仪器系统有限公司
数显恒温水浴锅	HH-S	巩义市予华仪器有限公司
分光光度计	UNIC2000	南昌新长征医疗科技发展有限公司
高压蒸汽灭菌锅	SYQ-DSX-280-B	上海申安医疗系统有限公司
移液枪	YY-20-G	北京华美生科生物技术有限公司
烘箱	CS202-A	重庆银河试验仪器有限公司

2.2.2　研究方法

2.2.2.1　黄酮标准曲线的绘制

称取干燥至恒重的芦丁 8mg，用 30％乙醇溶解至 100mL 容量瓶内，超声波条件下处理 10min，使之完全溶解，定容。

精确吸取上述标准芦丁溶液 0、1.0mL、2.0mL、3.0mL、4.0mL、5.0mL，分别置于 10mL 的容量瓶中，分别加 5.0mL、4.0mL、3.0mL、2.0mL、1.0mL、0mL 30％乙醇溶液至总体积 5mL，加 5％ $NaNO_3$ 溶液 0.4mL，摇匀放置 6min，再加入 10％ $Al(NO_3)_3$ 溶液 0.4mL，摇匀后继续放置 6min，最后加入 4％ NaOH 溶液 4mL，用 30％乙醇溶液定容，摇匀放置 15min 后，以第一管溶液为空白参照测定 508nm 下的吸光度，以吸光度对浓度进行回归，绘制标准曲线。

2.2.2.2　苦荞麦黄酒的工艺流程

① 将 1250g 糯米洗净，加 3000mL 水浸泡 12～15h 至米粒充分吸水，手刚好

捏碎，用纱布包住，于灭菌锅中100℃蒸煮50min。

② 蒸粮结束后将糯米连同外面包裹的纱布一起浸入水中进行冷却，温度降至25～29℃，加入甜酒曲，拌匀，再将物料转移至发酵坛内，用纱布封住坛口，恒温培养。

③ 取糯米1250g和苦荞麦2500g，分别用水浸泡12～15h、1～2h，用纱布包住，于灭菌锅中100℃蒸煮50min，降至室温后，与培养的酒母混匀，倒入陶坛中，加入水和生麦曲，拌匀，每8h搅拌一次，共搅拌3次，用纱布盖于陶缸口，恒温培养后用塑料袋封住陶缸口，进入低温后酵期。

④ 后酵结束后，将发酵醪压榨、过滤、煎酒，经陈酿得到苦荞麦保健黄酒，然后对新酒的各项指标进行检测。

2.2.2.3　苦荞麦黄酒的糖化工艺研究

（1）甜酒曲添加量对糖化过程的影响

糖化温度为32℃，糖化时间为60h，甜酒曲添加量设定为0.4%、0.6%、0.8%、1.0%、1.2%（质量分数，占糯米质量的比例），待结束后，测定还原糖含量来确定最佳甜酒曲添加量。

（2）糖化温度对糖化过程的影响

甜酒曲用量为1.0%，糖化时间为60h，糖化温度设定为22℃、25℃、28℃、32℃和35℃，测定还原糖含量来确定最佳甜酒曲添加量。

（3）糖化时间对糖化过程的影响

甜酒曲用量为1.0%，糖化温度为28℃，糖化时间设定为36h、48h、60h、72h、84h，测定还原糖含量来确定最佳甜酒曲添加量。

（4）糖化工艺正交试验设计

由于糯米糖化受蒸饭时间、甜酒曲添加量、糖化温度及糖化时间4个因素的影响，蒸饭时间可根据经验得出，其他3要素对糖化工艺的影响，可以利用糯米糖化工艺单因素试验为依据，设计L_9（3^3）正交实验，见表2-4。

表2-4　糖化工艺正交试验设计表

水平	甜酒曲加入量	糖化温度	糖化时间
1	0.9%	26℃	52h
2	1.0%	28℃	60h
3	1.1%	30℃	68h

2.2.2.4　苦荞麦黄酒的前发酵工艺研究

（1）生麦曲添加量对前发酵过程的影响

在最佳糖化工艺的条件下，生麦曲添加量设定为10%、11%、12%、13%、14%（质量分数），待糖化结束，加入蒸煮后的糯米和苦荞麦以及水（糯米与苦荞麦干重之和与水比）为1∶1.6，于30℃下发酵7d，测定酒精度来确定最佳生麦曲添加量。

（2）酿造水添加量对前发酵过程的影响

生麦曲添加量为 12%，酿造水添加量设定为 1∶1.2、1、1.4、1∶1.6、1∶1.8、1∶2.0，于 30℃下发酵 7d，测定酒精度来确定最佳酿造水添加量。

（3）发酵温度对前发酵过程的影响

生麦曲添加量为 12%，酿造水添加量为 1∶1.6，发酵温度设定为 18℃、22℃、26℃、30℃、34℃，发酵 7d，测定酒精度来确定最佳发酵温度。

（4）发酵时间对前发酵过程的影响

生麦曲添加量为 12%，酿造水添加量为 1∶1.6，发酵温度为 30℃，发酵时间设定为 5d、6d、7d、8d、9d，测定酒精度来确定最佳发酵时间。

（5）前发酵工艺正交试验设计

由于糯米前发酵工艺受生麦曲添加量、水添加量、发酵温度及发酵时间 4 个因素的影响，为了全面考虑 4 个因素对发酵工艺的影响，利用发酵工艺单因素试验为依据，设计 L_9（3^4）正交实验，见表 2-5。

表 2-5　前发酵工艺正交试验设计表

水平	A. 生麦曲添加量%	B. 水添加量	C. 发酵温度/℃	D. 发酵时间/d
1	11	1∶1.4	28	6
2	12	1∶1.6	30	7
3	13	1∶1.8	32	8

2.2.2.5　苦荞麦黄酒的后发酵工艺研究

控制后发酵温度为 15～20℃，设置不同的发酵时间 10d、15d、20d、25d、30d，以感官评定和苦荞麦黄酮含量为主，研究不同后发酵时间对苦荞麦黄酒风味的影响。

2.2.2.6　苦荞麦黄酒理化指标的检测方法

① 糖化后的酒母中还原糖测定采用斐林试剂滴定法；

② 酒精度测定；

③ 总酸测定；

④ 总糖测定。

2.2.2.7　苦荞麦黄酒的澄清

（1）澄清剂的配制

① 硅藻土　称取 1.0g 硅藻土，加入 80mL 水。60℃恒温浸泡 24h，不断搅拌，直至完全成糊状，加水定容至 100mL 即为 1.0% 的硅藻土溶液。

② PVPP（交联聚乙烯吡咯烷酮）　称取 1.0g PVPP，加入 100mL 水。制成悬浮液，振荡混匀后备用。

③ 皂土　称取 1.0 g 皂土，加入 100mL 水，振荡混匀后备用。

④ 明胶　提前 24h 将 1.0g 明胶加入 80mL 水吸水膨胀，若溶解不完全可加热加速溶解，加水定容至 100mL。

⑤ 壳聚糖　称取 1.0g 壳聚糖，加入 80mL 2％的柠檬酸水溶液，充分溶解后加水定容至 100mL，振荡混匀后备用。

⑥ 鸡蛋清　称取 1mL 鸡蛋清，加入含有 1g NaCl 的 80mL 水中，振荡混匀后定容至 100mL 备用。

（2）澄清剂的澄清

取 100mL 荞麦原酒，加入澄清剂到各试验组中，摇匀封口静置，7d 后在选定的 508nm 波长下，取上层澄清液测定透光率，以蒸馏水作为空白对照。

2.2.3　结果与分析

2.2.3.1　黄酮标准曲线

按照 2.2.2.1 方法，测定不同浓度芦丁对应的吸光度值，如表 2-6 所示。绘制黄酮标准曲线，如图 2-1 所示。

表 2-6　不同浓度芦丁对应的吸光度值

芦丁浓度/(mg/mL)	0	0.016	0.032	0.048	0.064	0.08
吸光度值	0	0.166	0.334	0.498	0.666	0.818

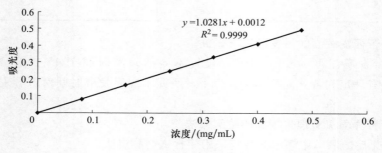

$y = 1.0281x + 0.0012$
$R^2 = 0.9999$

图 2-1　黄酮标准曲线

2.2.3.2　苦荞麦黄酒的糖化工艺优化结果

（1）甜酒曲添加量对糖化过程的影响

根霉菌作为甜酒曲中的主要菌种，其代谢产物糖化酶在黄酒酿造糖化过程中起重要作用，可分解淀粉产生可发酵性糖供酵母利用，甜酒曲的主要成分为根霉菌及米粉。由图 2-2 可知，随着甜酒曲添加量的增加，酒醪中根霉菌的数量随之增加，使得糖化力相应增大，因此酒醪中还原糖含量迅速增多。还原糖含量随甜酒曲添加量的变化先快速增长，最后趋于平缓，且当甜酒曲添加量为 1.0％时，还原糖含量出现了极大值。

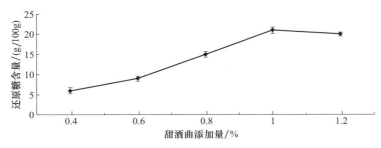

图 2-2 甜酒曲添加量对糖化过程的影响

（2）糖化温度对糖化过程的影响

低温能保护糖化酶活力。随着温度不断升高，糖化酶活力逐渐增大至极值，使得还原糖生成速率加快，其直观表现为：还原糖含量的陡然升高至极值。由图 2-3 可知，当糖化温度升至 28℃，还原糖含量最高。根霉菌最适宜生长温度为 27～35℃，在最适温度下，根霉菌生长旺盛，糖化酶活力达到最高，淀粉利用率升高。温度继续升高，糖化酶逐渐失活导致糖化力下降，还原糖生成速度缓慢，加之酵母菌在酒醅中的生长代谢需要消耗还原糖，此时还原糖生成速率小于酵母菌消耗还原糖的速率，因而还原糖含量降低。

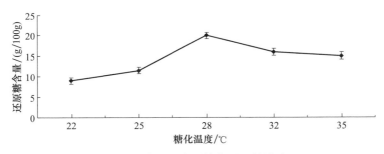

图 2-3 糖化温度对糖化过程的影响

（3）糖化时间对糖化过程的影响

由图 2-4 可知，从糖化过程起始至 60h，还原糖含量呈快速增长趋势，随后增

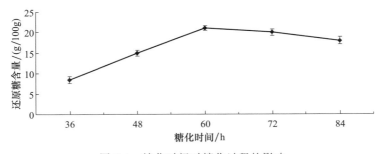

图 2-4 糖化时间对糖化过程的影响

长速度放缓，略有下降。还原糖的不断积累，提供了加快生长的有利环境，缩短了酵母菌的生长增殖所需要的时间，从而使发酵工艺进程加速。但糖分累积过度时，则通过反馈作用抑制根霉菌分解生产还原糖，同时酒醪中还原糖被酵母菌代谢利用，因此还原糖含量呈现略下降趋势，并且糖化时间过长可能会增加过程感染杂菌的概率，既可能消耗了发酵底物，又可能造成了发酵微生态的紊乱，影响正常的发酵代谢活动。

（4）糖化工艺正交试验结果

糖化工艺正交试验结果见表 2-7。对糖化工艺正交试验结果进行分析可知，苦荞麦黄酒糖化工艺各因素对还原糖的影响程度为：糖化时间＞糖化温度＞甜酒曲加入量。由于最佳的糖化组合条件没有在正交表中出现，所以要进行验证。验证得出最佳糖化组合条件下，还原糖平均值为 21.8g/100g，大于正交表中的最大值21.5g/100g。所以糖化工艺中最优工艺条件参数为表 2-4 中 A2B2C2，即甜酒曲加入量 1.0％、糖化温度 28℃、糖化时间 60h。在此条件下重复进行实验，得到还原糖的平均值为 21.8g/100g。

表 2-7　糖化工艺正交试验结果

实验序号	甜酒曲加入量/％	糖化温度/℃	糖化时间/h	还原糖含量/(g/100g)
1	0.9	26	52	18.6
2	0.9	28	60	20.8
3	0.9	30	68	19.4
4	1.0	26	60	20.4
5	1.0	28	68	19.8
6	1.0	30	52	21.5
7	1.1	26	68	19.5
8	1.1	28	52	20.6
9	1.1	30	60	21.2
K_1	19.6	19.5	20.2	
K_2	20.6	20.4	20.8	
K_3	20.4	20.7	19.6	
R	0.97	1.20	1.23	

2.2.3.3　苦荞麦黄酒的前发酵工艺优化结果

（1）生麦曲添加量对前发酵过程的影响

由图 2-5 可知，生麦曲添加量的变化对酒精度的影响较大。生麦曲的主要作用是对加入的糯米和苦荞米进行糖化、水解为可发酵性糖，生麦曲达到 12％后，将可以降解为可发酵性糖的淀粉已充分利用，酒母无法消耗更多的还原糖代谢产生酒精，此后酒精含量逐渐稳定，不再继续增加。

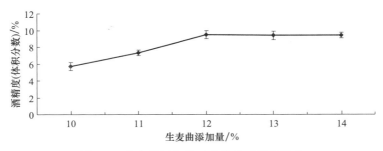

图 2-5　生麦曲添加量对前发酵过程的影响

（2）酿造水添加量对前发酵过程的影响

如图 2-6 所示，当料水比为 1∶1.2（g∶g）时，水加入量过少，酵母难以起酵，生淀粉转变成的可发酵性糖浓度相对较大，由于葡萄糖阻遏效应，高浓度的糖对酵母有抑制作用，此时发酵液中糖分含量高，酒精度低。当料水比为 1∶1.6（g∶g）时，酒精度达到最高值。当料水比逐渐变大时，发酵液被稀释，酒精度含量也随之降低。综合考虑，料水比选择 1∶1.6（g∶g）相对较好。

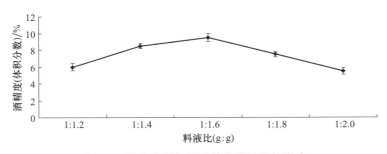

图 2-6　酿造水添加量对前发酵过程的影响

（3）发酵温度对前发酵过程的影响

温度是发酵的一个重要因素，温度过低，酵母生长代谢缓慢，难以进行发酵作用；温度过高，酵母生长受抑制，生麦曲中的酶系活性亦会受到影响。从图 2-7 可看出，温度为 18~22℃时，酒精度含量低，是因为较低的温度使酵母难以产生代谢作用。随着温度逐渐升高，酵母的生长代谢开始变得活跃，当温度升至 34℃时，发酵较剧烈，品温快速升高，导致酵母早衰、发酵不充分，因而使得酒精度下降。通过酒精度作比较，选择发酵温度 30℃较适宜。

（4）发酵时间对前发酵过程的影响

黄酒酿造工艺中糖化和发酵过程分别为好氧和厌氧。随着发酵时间的延长，醋酸菌和乳酸菌等杂菌可能生长并繁殖，产生酸类物质，影响黄酒的风味和口感。同时酵母菌的持续增殖消耗了酒醪中的氨基酸，产生代谢产物。为保证黄酒的风味、口感和营养成分，发酵时间必须控制在一定的时间内。从图 2-8 可以看出，前发酵

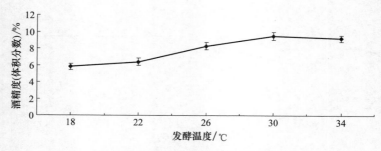

图 2-7　发酵温度对前发酵过程的影响

进行到一定阶段后，酒精度变化幅度已经很小，是因为随着发酵的进行，底物逐渐减少，酵母对底物利用率降低，使得产酒精速率下降，酒精度变化不明显。因此选择发酵时间 7d 较适宜。

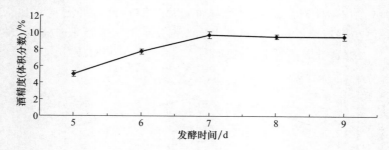

图 2-8　发酵时间对前发酵过程的影响

（5）前发酵工艺正交试验设计

由表 2-8 可知，苦荞麦黄酒前发酵工艺各个因素对酒精度的影响程度为：发酵温度＞生麦曲添加量＞发酵时间＞酿造水添加量。由于最佳的前发酵组合条件没有出现在正交表中，所以要对此进行验证。验证得出最佳前发酵组合条件下，酒精度平均值为 9.4 ％（体积分数）。因此最优的方案为表 2-5 中 A1B2C2D2，即生麦曲添加量 11％（占糯米和苦荞麦的质量总和）、浸泡水比例 1：1.6（g：g），发酵温度 30℃，前发酵时间 7d。在该最佳条件下进行反复试验，得到酒精度的平均值为 9.8 ％（体积分数）。

表 2-8　前发酵工艺正交试验结果

实验序号	生麦曲添加量/％	酿造水比例（g：g）	温度/℃	发酵时间/d	酒精度（体积分数）/％
1	11	1：1.4	28	6	9.5
2	11	1：1.6	30	7	9.8
3	11	1：1.8	32	8	8.8
4	12	1：1.4	30	8	9.6

实验序号	生麦曲 添加量/%	酿造水 比例(g:g)	温度/℃	发酵时间/d	酒精度(体积分数) /%
5	12	1:1.6	32	6	8.4
6	12	1:1.8	28	7	9.2
7	13	1:1.4	32	7	8.2
8	13	1:1.6	28	8	8.9
9	13	1:1.8	30	6	9.0
K1	9.37	9.10	9.20	8.97	
K2	9.07	9.03	9.47	9.07	
K3	8.70	9.00	8.47	9.10	
R	0.67	0.10	1.00	0.13	

2.2.3.4　苦荞麦黄酒的后发酵工艺条件的研究

经过前发酵，酒醪中还残留部分糖，此时进入低温后发酵阶段，酒醪中残存的酵母菌继续在低温条件下缓慢作用于残糖，使之缓慢发酵代谢而生成酒精，酒醪开始进行酯化反应，生成具有一定芳香风味的酯类物质。后发酵温度应该控制在15～20℃。温度过高，酵母反应剧烈，破坏微生态平衡，使酯化反应不能完全进行。温度过低，酵母处于静止状态，达不到继续发酵的目的。

（1）苦荞麦黄酒后发酵的感官评定

由表 2-9 可以直观地看出，后发酵时间选择 20～25d 为宜。后发酵时间过短，酒液醇但酯香不明显；时间过长，酒醪可能会感染其他菌类，使得酒醪变得酸败并出现邪杂味。后发酵阶段风味物质的主要形成原因：酵母细胞会在酶促作用下发生自溶，释放大量自溶产物，酵母等微生物的代谢作用将酒醪中的一些物质转化为各类风味物质。

表 2-9　不同后发酵时间酒液的感官评定

后发酵时间/d	10	15	20	25	30
感官评语	淡黄色,光泽尚好;香味淡,醇香不明显;酒体淡薄,甜味重	橙黄色,光泽较好;有醇香,但不浓郁,尚爽口,略酸	橙黄色,有光泽;醇香较浓郁,有荞麦特有香气,酸甜适度	橙黄色,有光泽;醇香及荞麦香味郁浓,酸甜协调,甜美爽口	橙黄色,有光泽;荞麦香气及醇香变淡,有些许酸败、异杂味

（2）苦荞麦黄酒后发酵中黄酮含量的变化

黄酮类物质易溶于酒精，在后发酵前期，由于酒精含量尚未达到最高，故其含量较低，随着发酵的进行，酒精含量增加，黄酮含量也逐渐升高。由图 2-9 可知，其含量在第 20d 时达到极大值，而后随着时间的延长，发酵液的 pH、含糖量等理化指标发生变化，黄酮稳定性降低，致使黄酮含量略有下降。结合苦荞麦黄酒的感官评价以及苦荞麦黄酮的含量，选择后发酵时间 20d 相对较好。

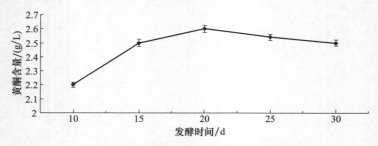

图 2-9　发酵时间对苦荞麦黄酮含量的影响

2.2.3.5　苦荞麦黄酒澄清工艺研究

在 400～800nm 波长范围内测定苦荞麦黄酒的透光率，得到数据如图 2-10 所示。由图可知，当波长不断增加时，苦荞麦黄酒透光率也不断增大。在波长 700nm 时，透光率达到最大 70.3%；当波长超过 700nm，透光率呈下降趋势。因此选取 700nm 为最佳波长。

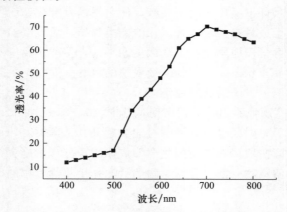

图 2-10　波长对苦荞麦黄酒透光率的影响

（1）硅藻土对苦荞麦黄酒的澄清效果

硅藻土的化学成分以 SiO_2 为主，是一种集孔隙度大、吸收性强、化学性质稳定、耐热等优点为一体的轻质岩石，它具有很强的吸附能力，可吸附酒液中酵母、色素、固体悬浮物，起到除菌、除杂、除异味和良好的澄清作用，使产品质量稳定，在酒类生产中得到广泛应用。

由图 2-11 可知，随着硅藻土添加量的增加，苦荞麦黄酒透光率逐渐增大，在添加量为 1.0g/L 时获得最大值 73.4%，当添加量超过 1.0g/L，透光率呈现下降趋势。从表 2-10 中可知，硅藻土的添加对苦荞麦黄酒黄酮含量有一定的影响，因此，硅藻土不是苦荞麦黄酒澄清剂的最佳选择。

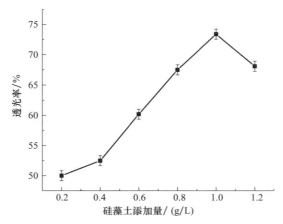

图 2-11　硅藻土添加量对苦荞麦黄酒透光率的影响

表 2-10　硅藻土的添加量对苦荞麦黄酒理化指标的影响

硅藻土 /(g/L)	酒精度（体积分数） /%	总黄酮 /(g/L)	总　糖 /(g/L)	澄清度 /%
0	9.9	2.56	4.7	47.6
0.2	9.8	1.86	4.6	50.3
0.4	9.8	1.68	4.6	52.5
0.6	9.8	1.54	4.5	60.2
0.8	9.8	1.47	4.4	67.5
1.0	9.8	1.36	4.5	73.4
1.2	9.7	1.3	4.4	68.1

（2）交联聚乙烯吡咯烷酮（简称 PVPP）对苦荞麦黄酒的澄清效果

黄酒在储存过程中，会通过氢键或分子间作用力而聚合或者缩合，其分子量不断增加，最后导致酒体颜色改变或者产生沉淀，发生非生物浑浊，严重影响黄酒外观和货架期。因此，在生产过程中，苦荞麦黄酒需经过澄清处理来提高产品的外观及稳定性。

PVPP 名为交联聚乙烯吡咯烷酮，其分子具有的酰胺键吸附多酚分子上的氢氧基从而形成氢键，可以吸附多酚，提高酒体的非生物稳定性。因此，可用作啤酒、果酒、黄酒等的澄清剂。

如图 2-12 所示，随着 PVPP 添加量的增加，苦荞麦黄酒透光率增大，在添加量为 0.4g/L 时，透光率出现最大值 70.6%；当 PVPP 添加量超过 0.4g/L，透光率逐渐下降。其原因可能是 PVPP 添加量在 0.4g/L 时，吸附达到平衡，酒液沉淀最多，透光率最高。从表 2-11 中可知，PVPP 的添加对苦荞麦黄酒黄酮含量有一定的影响，因此，PVPP 不是苦荞麦黄酒澄清剂的最佳选择。

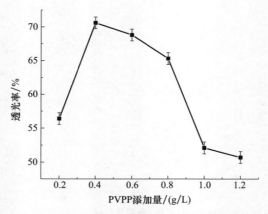

图 2-12　PVPP 添加量对苦荞麦黄酒透光率的影响

表 2-11　PVPP 的添加量对苦荞麦黄酒理化指标的影响

PVPP /(g/L)	酒精度(体积分数) /%	总黄酮 /(g/L)	总糖 /(g/L)	澄清度 /%
0	9.9	2.56	4.7	47.6
0.2	10	2.06	4.5	56.4
0.4	9.8	1.78	4.5	70.6
0.6	9.8	1.65	4.5	68.8
0.8	9.8	1.54	4.4	65.3
1.0	9.8	1.32	4.3	52.1
1.2	9.7	1.27	4.3	50.7

（3）皂土对苦荞麦黄酒的澄清效果

由图 2-13 可知，苦荞麦黄酒中添加皂土静置 5d 后，随着皂土添加量的增加，苦荞麦黄酒透光率逐渐增大。当皂土添加量为 0.6g/L 时，苦荞麦黄酒透光率达到

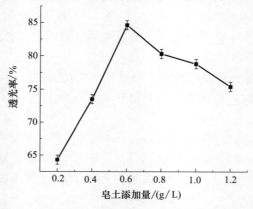

图 2-13　皂土添加量对苦荞麦黄酒透光率的影响

最大 84.6%。超过该添加量，苦荞麦黄酒透光率开始下降。从表 2-12 中可知，皂土的添加对苦荞麦黄酒的各项指标影响较小，因此可以作为荞麦酒的澄清剂来使用，且最佳添加量为 0.6g/L。

表 2-12   皂土的添加量对苦荞麦黄酒理化指标的影响

皂土/(g/L)	酒精度(体积分数)/%	总黄酮/(g/L)	总糖/(g/L)	澄清度/%
0	9.9	2.56	4.7	47.6
0.2	10	2.23	4.7	64.31
0.4	9.8	1.98	4.6	73.5
0.6	9.8	1.84	4.5	84.6
0.8	9.8	1.76	4.5	80.3
1.0	9.8	1.65	4.5	78.8
1.2	9.7	1.6	4.4	75.4

（4）明胶对苦荞麦黄酒的澄清效果

明胶的分子量一般在几万到几十万，属于多肽分子混合物。从图 2-14 中可知，苦荞麦黄酒的透光率随着明胶添加量的增加呈现先增大后减小的趋势，且当明胶的添加量为 0.8g/L，此时苦荞麦黄酒的透光率达到最大 82.5%；当明胶添加量超过 0.8g/L 时，透光率逐渐下降。从表 2-13 中可知，明胶的添加对苦荞麦黄酒黄酮含量有一定的影响，因此，明胶不是苦荞麦黄酒澄清剂的最佳选择。

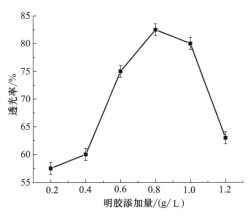

图 2-14   明胶添加量对苦荞麦黄酒透光率的影响

表 2-13   明胶的添加量对苦荞麦黄酒理化指标的影响

明胶/(g/L)	酒精度(体积分数)/%	总黄酮/(g/L)	总糖/(g/L)	澄清度/%
0	9.9	2.56	4.7	47.6
0.2	9.8	1.66	4.6	57.5

续表

明胶 /(g/L)	酒精度（体积分数） /%	总黄酮 /(g/L)	总糖 /(g/L)	澄清度 /%
0.4	9.8	1.52	4.5	60.2
0.6	9.8	1.41	4.5	75.3
0.8	9.8	1.35	4.4	82.5
1.0	9.8	1.28	4.5	80.4
1.2	9.7	1.12	4.4	63.1

（5）壳聚糖对苦荞麦黄酒的澄清效果

壳聚糖是一种安全的天然高分子阳离子絮凝剂，具有生物降解性、吸附和吸湿性等作用，可絮凝酒体中的胶体颗粒，螯合金属离子，吸附有机酸类物质，提高酒的澄清度和稳定性，改善酒的口感，且对酒的色度及主要成分影响不大。

由图 2-15 可知，苦荞麦黄酒中添加壳聚糖静置 5d 后，随着壳聚糖添加量的增加，苦荞麦黄酒透光率逐渐增大，壳聚糖与酒液中带负电物质絮凝形成沉淀。当壳聚糖添加量为 1.0g/L 时，透光率获得最大值 93.2%；当壳聚糖的添加量超过 1.0g/L 时，透光率逐渐下降。这是因为壳聚糖本身具有增稠剂作用，过多的添加会导致溶液过于黏稠，致使透光率下降。从表 2-14 中可知，壳聚糖的添加对苦荞麦黄酒的各项指标影响较小，因此可以作为荞麦酒澄清剂来使用，且最佳添加量为 1.0g/L。

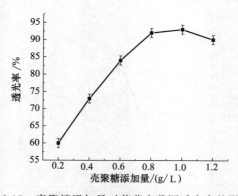

图 2-15　壳聚糖添加量对苦荞麦黄酒透光率的影响

表 2-14　壳聚糖的添加量对苦荞麦黄酒理化指标的影响

壳聚糖 /(g/L)	酒精度（体积分数） /%	总黄酮 /(g/L)	总糖 /(g/L)	澄清度 /%
0	9.9	2.56	4.7	47.6
0.2	9.8	2.25	4.6	59.7
0.4	9.8	1.94	4.5	73.4

壳聚糖 /(g/L)	酒精度(体积分数) /%	总黄酮 /(g/L)	总糖 /(g/L)	澄清度 /%
0.6	9.8	1.83	4.5	83.8
0.8	9.8	1.78	4.4	92.3
1.0	9.8	1.65	4.4	93.4
1.2	9.7	1.57	4.3	90.2

（6）鸡蛋清对苦荞麦黄酒的澄清效果

从图2-16中可知，苦荞麦黄酒透光率在鸡蛋清添加量为0.2～1.0g/L时不断增大，当添加量为1.0g/L时，其透光率达到最大84.6%；当鸡蛋清的添加量超过1.0g/L时，苦荞麦黄酒的透光率开始降低。从表2-15中可知，鸡蛋清的添加对苦荞麦黄酒黄酮含量有一定的影响，因此，鸡蛋清不是苦荞麦黄酒澄清剂的最佳选择。

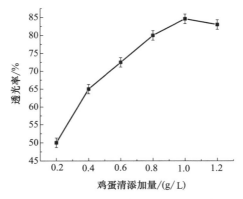

图2-16　鸡蛋清添加量对苦荞麦黄酒透光率的影响

表2-15　鸡蛋清的添加量对苦荞麦黄酒理化指标的影响

鸡蛋清 /(g/L)	酒精度(体积分数) /%	总黄酮 /(g/L)	总糖 /(g/L)	澄清度 /%
0	9.9	2.56	4.7	47.6
0.2	9.9	1.95	4.6	50.2
0.4	9.8	1.65	4.5	65.3
0.6	9.8	1.58	4.5	72.5
0.8	9.8	1.46	4.4	79.5
1.0	9.8	1.37	4.5	84.6
1.2	9.7	1.32	4.4	83.4

（7）几种澄清剂澄清效果对比

上述六种澄清剂对苦荞麦黄酒透光率以及理化指标的影响如表2-16所示。通过对比六种常用澄清剂对苦荞麦黄酒的澄清效果，并对 6 种澄清剂处理后的苦荞麦黄酒进行理化指标及总黄酮含量分析，选择最佳澄清剂为壳聚糖。结果表明，利用壳聚糖作为澄清剂澄清处理苦荞麦黄酒，其酒体颜色清亮透明，澄清前后的主要功效成分及口感均无显著变化。

表 2-16　澄清剂对苦荞麦黄酒理化指标的影响

澄清剂	最佳添加量 /(g/L)	澄清时间 /d	澄清度 /%	酒精度(体积分数) /%	总黄酮 /(g/L)	总糖 /(g/L)
硅藻土	1.0	5	73.4	9.8	1.36	4.5
PVPP	0.4	5	70.6	9.8	1.78	4.5
皂土	0.6	2	84.6	9.8	1.84	4.5
明胶	0.8	6	82.5	9.8	1.35	4.4
壳聚糖	1.0	6	93.4	9.8	1.65	4.4
鸡蛋清	1.0	6	84.6	9.8	1.37	4.5

2.2.4　结论

本研究以传统黄酒生产工艺为基础，从糖化、发酵等方面对保健营养黄酒工艺进行了优化，得到了最佳工艺参数。

以糯米和苦荞麦为原料，用量比例为 1∶1，经酒母培养、前发酵、后发酵、压榨、灭菌等工艺步骤得到一种富含黄酮的苦荞麦黄酒。对苦荞麦黄酒酿造工艺进行优化，得到最佳的工艺参数：在糖化阶段，甜酒曲加入量为 1.0%，糖化温度为 28℃，糖化时间为 60h；前发酵阶段，生麦曲添加量为 11%（占糯米和苦荞麦的质量总和）、料液比为 1∶1.6（g∶g）、发酵温度为 30℃、发酵时间为 7d；后发酵阶段，发酵温度 15～20℃，发酵时间 20d。在最佳工艺参数条件下酿造的苦荞麦黄酒口感醇厚，带有令人愉悦的荞麦香，其酒精度为 19%（体积分数），总糖为 14.0g/L，总酸为 5.6g/L，苦荞麦黄酮含量为 2.6g/L，使用最佳澄清剂壳聚糖来处理苦荞麦黄酒，其酒体颜色清亮透明，澄清前后的主要功效成分及口感均无显著变化。

第3章

固态发酵荞麦酒加工技术

3.1 固态发酵酒简介

固态酒醅发酵和固态蒸馏是中国传统酿酒工艺，固态发酵酒以粮谷为主要原料，以大曲、小曲或麸曲及酒母等为糖化发酵剂，经蒸煮、糖化、发酵、蒸馏而制成的蒸馏酒，又称烧酒、老白干、烧刀子等，是中国传统饮料酒。据《本草纲目》记载："烧酒非古法也，自元时创始，其法用浓酒和糟入甑（指蒸锅），蒸令气上，用器承滴露。"由此可以得出，我国固态发酵酒的生产已有很长的历史。

固态发酵酒由于后期的蒸馏作用，其酒质无色（或微黄）透明，气味芳香纯正，入口绵甜爽净，酒精含量较高，经贮存老熟后，具有以酯类为主体的复合香味。中国固态发酵酒因其原料和生产工艺等不同而形成了不同的香型，主要有以下五种。

① 清香型　清香型白酒的特点是清香纯正，醇甘柔和，诸味协调，余味净爽，如山西汾酒。

② 浓香型　浓香型白酒的特点是芳香浓郁，甘绵适口，香味协调，回味悠长，如四川泸州老窖特曲。

③ 酱香型　酱香型白酒的特点是香气幽雅，酒味醇厚，柔和绵长，杯空留香，如贵州茅台酒。

④ 米香型　米香型白酒的特点是米香清柔，幽雅纯净，入口绵甜，回味怡畅，如广西桂林三花酒、冰峪庄园大米原浆酒。

⑤ 兼香型　兼香型白酒的特点是一酒多香，即兼有两种以上主体香型，故又被称为混香型或复香型，如贵州董酒。

⑥ 芝麻香型　从浓香型、酱香型等分离出一种菌种，经高温堆积、高温发酵、高温蒸馏加工而成，且还在百年酒坛中长期储藏，具有酒体醇厚丰满、色泽微黄、清澈透明、幽雅细腻、回味悠长、空杯留香持久之独特风格。如江苏泰州的"梅兰春酒"。

3.2 固态发酵酒生产工艺

3.2.1 浓香型白酒生产工艺

3.2.1.1 酿酒原料选择

由于温度、湿度、日照长短等环境因素的差异，在浓香型大曲白酒原料的选择上，通常选择长江流域以南生长的农作物，因其酿造过程中能够产生特殊的香味物质，加重口感厚度。在同一纬度地区，尽量选择成熟度较高的农作物，因为这样的原料在后续酿酒时能够丰富该种酒类的层次感，给以品尝者更好的体验。

3.2.1.2 原料处理

酿造浓香型白酒过程中，并不是单纯将各种原料简单混合起来，而是在糟醅中按比例加入各种原辅料等，通过人工或者机器操作，即将已经混合好的各种原料装入甑桶中，然后调整好火力将大火转小火，最后调整火力为最大，进一步糊化酿酒原料。这也是浓香型白酒与其他类型白酒的一个工艺上的区别，原料的处理也是保证浓香型白酒品质的一个非常重要的因素。

3.2.1.3 发酵过程与控制

发酵过程是大曲白酒制作过程中耗时最久的一个步骤，也是制酒行业中最为关键的一个步骤——酒曲的发酵成酒。目前浓香型大曲白酒发酵主要分为 3 个时期——主要发酵期、产酸期和香味生成期。在这 3 个时期的环境控制条件都是不一样的。在主要发酵期，需要严格控制酵母含量以及发酵空间的密闭性，在发酵的整个过程中都需要严格控制酒窖的密闭性，任何空气的流入都可能会导致产酒的失败。第一阶段温度较低，6～15℃；在第二时期发酵过程中，酒窖温度不断上升，16～22℃，这样的温度环境，更有利于酵母菌在无氧条件下的酒精发酵。在经过之后的"酒酸成酯"之后，浓香型大曲白酒就可以成型了。

3.2.1.4 生产工艺

因地理环境、气候、微生物种群的不同，浓香型酒酿酒工艺分为原窖法、跑窖法、老五甑法三种糟醅入窖工艺类型。

（1）原窖法工艺

本窖发酵糟除底糟、面糟外，各层糟醅混合使用，加原辅料、蒸馏取酒、蒸煮糊化、打量水、摊晾拌曲后仍放回到原来窖池内密封发酵。发酵完毕后，将出窖糟逐层起运至堆糟坝按层堆放，上层糟（黄水线以上）取完后进行滴窖操作，滴窖完成后再取出下层糟。具体堆糟方法是：面糟、底糟单独堆放，上、下层糟按取出顺序逐层往上堆放。

（2）跑窖法工艺

生产时先有一个空窖池，然后把另一个窖内已发酵完成的糟醅取出，通过加原辅料、蒸馏取酒、糊化、打量水、摊晾拌曲后装入预先准备好的空窖池中，而不再将原来的发酵糟装回原窖。全部发酵糟蒸馏完毕后，这个窖池就成了一个空窖，而原来的空窖则装满了入窖糟，再密封发酵。跑窖法工艺没有堆糟坝，窖内发酵糟逐甑取出分层蒸馏。

（3）老五甑法工艺

在正常情况下，窖内有四甑糟醅，出窖后加入新的原辅料分成五甑糟醅进行蒸馏。五甑糟醅中有四甑糟醅继续入窖发酵，其中一甑糟醅不加新原料，称为回糟；另一甑糟醅是上轮的回糟经发酵、蒸馏后所得，不再入窖发酵，称为丢糟。

3.2.1.5　工艺流程

原料→粉碎→配料拌和→上甑→蒸酒蒸粮→摘酒→出甑→摊晾下曲→入窖→封窖→发酵管理→开窖鉴定→糟醅滴黄水→起运母糟＋堆砌母糟

（1）原料

根据浓香型酒生产原料的选择不同，浓香型酒生产又分为单粮型和多粮型两个类型。单粮型以泸州老窖为代表，所采用的原料为泸州本地糯红高粱，要求颗粒饱满，无霉烂，无虫蛀，杂质少。多粮型以五粮液为代表，其所选用的原料为高粱、大米、糯米、小麦、玉米，其原料质量配比为 36：22：18：16：8。

（2）粉碎

根据所选用的原料种类不同，其粉碎的技术要求也有所不同。以高粱原料为例，一般要求粉碎度为 4、6、8 瓣。

（3）配料拌和

一般是根据甑容、粮糟比决定配料。以泸州老窖为例，粮食与糟醅的质量比例约为 1：（4～5），糠壳为高粱粉质量的 18%～25%，加量水（加量水，又叫打量水，是浓香型白酒生产中的工艺参数，粮糟经过蒸酒蒸粮后，要加入一定量的水分，加入的水分叫"量水"，是为了保证酒糟入窖的水分充足，保证后续发酵的进行）为高粱粉质量的 60%～100%，曲药为高粱粉质量的 18%～22%。以上各种物质的添加比例可调节酸度和淀粉浓度，使酸度（酸度，定义为 100g 酒醅消耗 1mmoL NaOH 为 1 度酸度，单位为度）在 1.2～1.7 度，淀粉浓度在 16%～22% 左右，为糖化发酵创造适宜的条件。

配料要做到"稳、准、细、净"，准确配料，严格操作。对原料用量、配醅加糠的数量比例等要严格控制，并根据原料性质、气候条件进行必要的调节，尽量保证发酵的稳定。

（4）上甑

上甑操作要点：上甑要平，穿汽要匀，探汽上甑，不准跑汽，轻撒匀铺，切忌重倒，甑内穿汽一致，严禁起堆塌汽。上甑未满或剩余糟醅不得少于或超过 3 端撮（端撮：传统白酒酿造设备，用竹篾编制，作装桶用，出入甑时运输糟子时使用）。

（5）蒸酒蒸粮

"生香靠发酵，提香靠蒸馏"。蒸馏目的是使成熟酒醅中的酒精成分、香味物质等挥发、浓缩、提取出来；同时，通过蒸馏排除出杂质，得到所需的基础酒。

（6）摘酒

浓香型酒的出酒率一般为 35% 左右，即每千克粮食约产 0.35kg 基础酒（60%，体积分数）。蒸馏的时候，盖好云盘后 5min 内必须流出酒来，开始流出来的 0.5kg 左右为酒头，单独接开，回下甑重蒸，也可存放用于调香。然后开始接正品酒（一般 3kg 粮食酿造 1kg 酒），直至酒花断（看花摘酒），将剩余酒精度较低的酒尾单独接至无酒精度，酒尾回下甑重蒸。在摘酒过程中要控制流酒温度，一般流酒温度控制在 25~35℃。

（7）出甑

将蒸煮好的糟醅运到晾堂，并立即泼洒 80℃ 以上的热水（"打量水"），促进高粱淀粉的进一步吸水糊化。量水温度要高，才能使蒸粮过程中未吸足水分的淀粉颗粒进一步吸浆，达到 54% 左右的适宜入窖水分。量水温度过低，淀粉颗粒难以将水分吸入内部，使水停留在颗粒表面，容易在入窖后出现淋浆现象，造成上部酒醅干燥，发酵不良，淀粉也难以进一步糊化。

（8）摊晾下曲

上糟要撒满铺齐，撒散无疙瘩，厚薄一致。撒散的厚薄程度应根据不同季节以及糟醅类别进行，一般厚 2~4cm。加曲要求均匀，粮糟加曲一般占投粮的 20% 左右，红糟加曲为每甑 7.5~10kg。加曲温度应根据季节地温变化灵活控制，冬季加曲温度比入窖温（18~22℃）高 3~6℃，热季（3~5 月份，一般浓香型白酒夏季不生产）加曲温度则要求低于地温 1~3℃ 或平地温，同时应注意早晚的气温、地温差异。加曲时要求撒曲均匀，撒曲完毕后再翻拌均匀，立即将粮糟入窖。红糟入窖温度比粮糟入窖温度冬季高 5~8℃，热季可平地温（平地温即与地温持平，行业用语）。

（9）入窖

粮糟入窖前，先在窖底撒上 1~1.5kg 大曲粉，促进生香。当入窖糟的品温达到入窖要求时，立即将入窖糟转运入窖内。冬季时，入窖的第一甑粮糟应比规定的入窖温度（13~17℃）高 2~3℃。每甑入窖糟入窖后，应挖平边沿踩窖，中间依不同季节适当踩窖，量准温度，做好原始记录。每个窖的最后一甑粮糟入窖后，要随即清理、挖平、踩紧、拍光、放好隔簟（隔簟，专业术语，指用竹簟编制，做隔板用，区分粮糟和面糟）。

（10）封窖

红糟入窖后，要逐甑清理、挖平、踩紧、拍光，最后一甑红糟入窖后立即用塑料布盖好或封上窖皮泥，窖皮泥厚度为 10~15cm。封窖要严密，不能有漏洞。封窖的目的在于杜绝空气与杂菌进入窖内，抑制好气性细菌的繁殖，使酵母菌在窖内进行正常的酒精发酵。

（11）发酵管理

浓香型酒的发酵周期一般为 60～90d。在封窖后，整个糟醅体系便进入发酵期，糟醅在微生物的作用下，开始产酒生香，窖内温度变化遵循"前缓、中挺、后缓落"的规律，由于发酵的缘故，糟醅往下沉跌，叫"跌头"，封窖泥上冒气泡，叫"吹口"，管窖人必须每天清窖一次。所谓清窖（清窖，术语，定期清理窖泥，使之保持湿润、光滑平整的状态，减少缝隙），就是把封窖的窖皮泥清理严密，不留裂缝，以避免窖内发酵糟感染杂菌，发生糟醅霉烂现象。发酵期间清窖的同时，要每天检查窖内升温情况和吹口情况，并详细做好原始记录，以便正确掌握发酵期间温度的变化规律，给开窖鉴定、下排配料以及该窖是否提前开窖提供科学依据。

（12）开窖鉴定

发酵成熟的糟醅，通过"看、闻、尝"糟醅、黄水来鉴定糟醅的发酵情况，并依据糟醅发酵情况，确立下一轮配料和入窖条件（温、粮、水、曲药、酸、糠、糟）。

（13）糟醅滴黄水

将上层糟醅起到堆糟坝后，在窖池一侧将糟醅挖起放在另一侧，形成一个坑，糟醅的黄水就源源不断地流到黄水坑内，再不断地舀出，称为"滴窖勤舀"，一般12h 左右，再将窖内剩下的糟醅起到堆糟坝上。

（14）起运母糟

将发酵好的糟醅，起运到堆糟坝的操作过程。

（15）堆砌母糟

将发酵好的糟醅，一层一层地堆起来，并一层一层地堆在堆糟坝上，踩紧，拍光，撒上一薄层谷壳，称为"分层堆糟"，堆砌好的糟醅通过"挖糟"配料步入下一循环，由于又入在上一轮同一个窖池内发酵，称为"本窖循环"。

3.2.2 酱香型白酒生产工艺

3.2.2.1 酿酒原料

正宗酱香型大曲酒酿造原料是：小麦、糯高粱和赤水河河水，简称"小高水"。

（1）高粱

贵州茅台镇酱香大曲酒不但要用高粱而且要用本地产的糯高粱，这主要是由酱香大曲酒的酿造工艺和香型决定的，九次高温蒸煮，八次摊晾拌曲，七次取酒，而糯高粱支链淀粉含量高，支链淀粉不易糊化，如果用粳高粱，后期轮次的酒产量没有糯高粱好。此外，糯高粱中单宁、花青素等微量成分含量比粳高粱丰富，生成的香型数量比粳高粱酿造的酒多。

（2）小麦

正宗酱酒大曲的原料就是本地的小麦。大曲是一种复合酶制剂，它含有淀粉酶、糖化酶、蛋白酶、酒化酶、酯酶等各种酶，是形成白酒香味成分的催化剂，此外在培养大曲过程中还形成多样的香气成分及前体物质。而只有采取赤水河流域小麦制的大曲，才含有数量和品种较多的微生物，众多微生物的代谢产物是非常丰富的，并最终决定了白酒香型成分的多样性。生产实践表明，小麦是酿酒微生物天然好用的培养基。

（3）水

水，酒之"血"也。酿酒用水包括生产用水、加浆降度用水和包装用水等，用途不一样，要求的水质也不一样。生产用水又分为投料用水、蒸馏用水和冷却用水等，其中投料用水和蒸馏用水的水质要求高，因此赤水河畔的茅台镇酿酒先辈们选择了赤水河水质好的季节——重阳开始下沙，因此有九月九日下沙的传统。

3.2.2.2 生产工艺

酱香型白酒生产首先要做的就是将原料进行粉碎，酱香型白酒生产把高粱原料称为沙，其生产工艺可以概括为：两次投料→九次蒸煮→八次发酵→七次取酒→长时间贮藏→精心勾兑而成。在每年大生产周期中，分两次投料，两次投料指下沙和糙沙两次投料操作。第一次投料称下沙，第二次投料称糙沙，投料后需经过八次发酵，每次发酵一个月，一个大周期约 10 个月。由于原料要经过反复发酵，所以原料粉碎得比较粗，要求整粒与碎粒之比，下沙为 80％：20％，糙沙为 70％：30％，下沙和糙沙的投料量分别占投料总量的 50％。为了保证酒质的纯净，酱香型白酒在生产过程中基本上不加辅料，其疏松作用主要靠高粱原料粉碎的粗细来调节。

（1）大曲粉碎

大曲是酱香型白酒的重要原材料之一，由于高温大曲的糖化发酵力较低，原料粉碎又较粗，故大曲粉碎越细越好，有利于糖化发酵。

（2）下沙

下沙是酱香型白酒生产工艺的重要工序，酱香型白酒生产的第一次投料称为下沙，于每年的 9 月重阳开始下沙。将原料高粱按比例粉碎好后，堆积于晾堂甑桶边，将堆积润粮后的高粱拌和，拌和均匀后上甑，每甑投高粱 350kg，下沙的投料量占总投料量的 50％。

① 泼水堆积　下沙时先将粉碎后的高粱泼上原料量 51％～52％的 90℃以上的热水（称发粮水），泼水时边泼边拌，使原料吸水均匀。也可将水分成两次泼入，每泼一次，翻拌三次。注意防止水的流失，以免原料吸水不足。然后加入 5％～7％的母糟拌匀。母糟是上年最后一轮发酵出窖后不蒸酒的优质酒醅，其淀粉浓度 11％～14％，糖分 0.7％～2.6％，酸度 3～3.5 度，酒度 4.8％～7％（体积分数）。发水后堆积润料 10h 左右。

② 蒸粮（蒸生沙）　先在甑箅（专业术语，指甑底部铺的竹篾编制的隔层）上撒上一层稻壳，上甑采用"见汽撒料"，在 1h 内完成上甑任务，圆汽（专业术语，指蒸汽分布均匀）后蒸料 2～3h，约有 70％的原料蒸熟，即可出甑，不应过熟，7

成熟即可。出甑后再泼上 85℃的热水（称量水），量水为原料量的 12%。发粮水和量水的总用量为投料量的 56%～60%。出甑的生沙含水量为 44%～45%，淀粉含量为 38%～39%，酸度 0.34～0.36 度。

③ 摊晾　泼水后的生沙，经摊晾、散冷，并适量补充因蒸发而散失的水分。当品温降低到 32℃左右时，加入酒度为 30%（体积分数）的尾酒 7.5kg（约为下沙投料量的 2%），拌匀。所加尾酒是由上一年生产的丢糟酒和每甑蒸得的酒头经过稀释而成的。

④ 堆积　当生沙料的品温降到 32℃左右时，加入高温大曲粉，加曲量控制在投料量的 10%左右。加曲粉时应低撒扬匀。拌和后收堆，品温为 30℃左右，堆要圆、匀，冬季较高，夏季堆矮，堆积时间为 4～5d，待品温上升到 45～50℃时，可用手插入堆内取出适量酒醅，当取出的酒醅具有香甜酒味时，即可入窖发酵。

⑤ 入窖发酵　堆集后的生沙酒醅经拌匀，并在翻拌时加入次品酒 2.6%左右。然后入窖，待发酵窖加满后，用木板轻轻压平醅面，并撒上一薄层稻壳，最后用泥封窖 4cm 左右，发酵 30～33d，发酵品温变化在 35～48℃之间。

（3）糙沙

糙沙是酱香型白酒生产工艺的重要组成部分。

① 开窖配料　把发酵成熟的生沙酒醅分次取出，每次挖出半甑左右（约 300kg），与粉碎、发粮水后的高粱粉拌和，高粱粉原料为 175～187.5kg。其发水操作与生沙相同。

② 蒸酒蒸粮　将生沙酒醅与糙沙高粱粉拌匀，装甑，混蒸。首次蒸得的酒称生沙酒，出酒率较低，而且其酒体杂、涩味重、带有霉味，生沙酒经稀释后全部泼回糙沙的酒醅，重新参与发酵。这一操作称以酒养窖或以酒养醅。混蒸时间需达 4～5h，保证糊化柔熟。

③ 下窖发酵　把蒸熟的料醅扬凉，加高温大曲拌匀，堆积发酵，工艺操作与生沙酒相同，然后下窖发酵。酱香型白酒每年只投两次料，即下沙和糙沙各一次，以后六个轮次不再投入新料，只将酒醅反复发酵和蒸酒。

④ 蒸酒　蒸酒采用多次蒸馏的方式，发酵一个月后，即可开窖蒸酒（蒸酒）。因为窖容较大，要多次蒸馏才能把窖内酒醅全部蒸完。为了减少酒分和香味物质的挥发损失，必须随起随蒸，当起到窖内最后一甑酒醅（也称香醅）时，应及时备好已堆积好的需回窖发酵酒醅，待最后一甑香醅出窖后，立即将堆积酒醅入窖发酵。

（4）七次取酒

蒸馏所得的各轮次酒酒质不尽相同，在这 7 次取酒中，从原酒的质量看，前 2 轮次的酒质较差，酱香弱，酒体单薄，霉味、生涩味较重。第 3、4、5 次酒，酒质较好，第 6 次酒带有较好焦香，第 7 次酒出酒率低。在各轮次的蒸酒过程中，窖内不同层次的酒体风格也不尽相同，一般来说，上层酒酱香较好，中层酒比较醇甜，而下层酒窖底香较好，故在蒸酒时应分层蒸酒，高温蒸馏，掐头去尾，量质摘酒，分等存放。

（5）入库贮存

酱香型白酒的入库贮存非常重要，根据不同轮次，不同类型的原酒要分开贮存于容器中，分别贮存。经过三年陈化使酒味醇和、绵柔。

（6）精心勾兑

勾兑比例和勾兑方法对于酱香型白酒的口味有着重要的影响，贮存三年的原酒，先勾兑出小样，后放大调和，再贮存一年，经理化检测和品评合格后，才能包装出厂，故酱香型白酒具有"酱香浓郁，醇厚净爽，幽雅细腻，回味悠长"的特点。

3.2.3 清香型白酒生产工艺

清香型白酒以山西杏花村汾酒为代表，产量较大，特点为清香纯正、酒体纯净。香味成分乙酸乙酯和乳酸乙酯在成品酒中的比例以 55：45 为宜。以乙酸乙酯为主体香，含量占总酯 50％以上。一般达到 $150\sim300$mg/100mL，以乙酸乙酯为主、乳酸乙酯为辅的清雅纯正的复合香。乙缩醛含量占总醛的 15％左右，与口味清爽有关，故而虽然酒度高，但是刺激性小。

酿酒工艺特点是清蒸、清渣、固态地缸发酵、清蒸二次清。发酵特点是"固态地缸分离发酵"，蒸馏特征是采用"清蒸二次清糟"。技术要点在于必须有质量上等的小麦和豌豆制的曲，酿酒工艺的中心环节应消除使酒体产生邪杂味的所有因素。

3.2.3.1 酿酒原料

原料主要是高粱和大曲，要求籽粒饱满，皮薄壳少。新收获的高粱要先贮存三个月以上方可投产使用。高粱粉碎成 $4\sim8$ 瓣即可，整粒高粱不超过 0.3％。同时要根据气候变化调节粉碎细度，冬季稍细，夏季稍粗，以利于发酵升温。

3.2.3.2 制曲

制曲是将大麦和豌豆比例混合粉碎，加水搅拌均匀，而后又以人工踩曲，制成曲块，在曲房中须由人工将曲块分三层（分别为"1""品""人"字形）排列，便于周围空气中的微生物群自由进入。生产出的曲内含多种复合霉和菌类，其糖化酶能力、液化酶能力和发酵力是一般曲的几倍。固态参与酿酒，不影响原料高粱的自然原味，确保酒独特的"清香型"口感特征。

人房曲坯排列后要经晾，然后再通过潮火、大火和后火加热，这就是有名的"两凉两热"工艺。在这个过程形成了三种曲型：清糙曲、后火曲和红心曲，它们有的要大热大凉，有的要中热中凉，有的要多热少凉，热时微生物进入，凉时排出潮湿。整个工序，除了温度计、湿度计等仪器的运用外，主要凭借人工经验对不同曲的温度和湿度标准进行控制完成。

3.2.3.3 生产工艺

（1）原料粉碎

大曲粉碎较粗，大渣发酵用的曲，可粉碎成大的如豌豆、小的如绿豆，能通过

1.2mm 筛孔的细粉不超过 55％；二渣发酵用的大曲粉，要求大的如绿豆、小的如小米，能通过 1.2mm 筛孔的细粉不超过 70％～75％。大曲粉碎细度会影响发酵升温的快慢，粉碎较粗，发酵时升温较慢，有利于进行低温缓慢发酵；颗粒较细，发酵升温较快。大曲粉碎的粗细，也要考虑气候的变化，夏季应粗些，冬季可稍细。高粱粉碎要求每颗高粱粉碎成 4～8 瓣。

（2）润糁

润糁的目的是让原料预先吸收部分水分，利于蒸煮糊化，而原料的吸水量和吸水速度常与原料的粉碎度和水温的高低有关。采用较高温度的水来润料可以增加原料的吸水量，使原料在蒸煮时糊化加快；同时使水分能渗透到淀粉颗粒的内部，发酵时，不易淋浆，升温也较缓慢，酒的口味较为绵甜。高温润糁能促进高粱所含的果胶质受热分解形成甲醇，在蒸料时先行排除，降低成品酒中的甲醇含量。高温润糁是提高曲酒质量的有效措施。

高温润糁操作要求严格，润糁水温过高，易使原料结成疙瘩；水温过低，原料入缸后容易发生淋浆。场地卫生不佳，润料水温过低，或者不按时搅拌，都会在堆积过程中发生酸败变馊。要求操作迅速，快翻快拌，既要把糁润透，无干糁，又要不淋浆、无疙瘩、无异味，手搓成面而无生心（专业术语，指中心处无生硬）。

（3）蒸料

蒸料也称蒸糁。目的是使原料淀粉颗粒细胞壁受热破裂，淀粉糊化，便于大曲微生物和酶的糖化发酵，产酒成香。同时，杀死原料所带的一切微生物，挥发掉原料的杂味。

原料采用清蒸。蒸料前，先煮沸底锅水，在甑箅上撒一层稻壳或谷壳，然后装甑上料，要求见汽撒料，装匀上平。圆汽后，在料面上泼加 60℃ 的热水，称之"加闷头浆"，加水量为原料量的 1.5％～3％。整个蒸煮时间约需 80min，初期品温在 98～99℃，以后加大蒸汽，品温会逐步升高，出甑前可达 105℃。红糁经过蒸煮后，要求达到"熟而不黏、内无生心，有高粱香味，无异杂味"。

在蒸料过程中，原料淀粉受热糊化，高粱所含的主要糖分受热而转化成还原糖。蛋白质受热变性，部分分解成氨基酸，在蒸煮过程中与糖发生羰基氨基反应，生成氨基糖。单宁也在高温下氧化，加深了糁的颜色。由果胶质分解出的甲醇也在蒸料时被排出。

（4）加水、扬冷、加曲

蒸后的红糁应趁热出甑并摊成长方形，泼入原料量 30％的井水，使原料颗粒分散，进一步吸水。随后翻拌，通风晾渣，一般冬季降温到比入缸温度高 2～3℃ 即可、其他季节散冷到与入缸温度一样就可下曲。

下曲温度的高低影响曲酒的发酵，加曲温度过低，发酵缓慢；过高，发酵升温过快，醅容易生酸。根据经验，加曲温度一般控制如下：春季 20～22℃，夏季 20～25℃，秋季 23～25℃，冬季 25～28℃。

　　加曲量的大小，关系到酒的得出率和质量，应严格控制。用曲过多，既增加成本和粮耗，还会使醅发酵升温加快，引起酸败，也会使有害副产物的含量增多，以致使酒味变得粗糙，造成酒质下降。用曲过少，有可能出现发酵困难、迟缓、顶温不足，发酵不彻底，影响出酒率。加曲量一般为原料量的9%～11%，可根据季节、发酵周期等加以调节。

　　（5）大渣入缸发酵

　　典型的清香型大曲酒是采用地缸发酵，坚持酒土分离，由于土壤中的一些杂质的发酵气味会影响到酒自身的原质清香，导致有害元素的侵入，而地缸方式则更卫生，更环保。地缸系陶缸，埋入地下，缸口与地面相平。

　　大渣入缸时，主要控制入缸温度和入缸水分，而淀粉浓度和酸度等都是比较稳定的，因为大渣醅是用纯粮发酵，不配酒糟，其入缸淀粉含量常达38%左右，但酸度较低，仅在0.2度左右。这种高淀粉低酸度的条件，酒醅极易酸败，因此，更要坚持低温入缸，缓慢发酵。入缸温度常控制在11～18℃之间，比其他类型的曲酒要低，以保证酿出的酒清香纯正。

　　大渣入缸水分以53%～54%为好，最高不超过54.5%。水分过少，醅发干，发酵困难，水分过大，产酒较多，但因材料过湿，难以疏松，影响蒸酒，且酒味显得寡淡。

　　大渣入缸后，缸顶要用石板盖严，再用清蒸过的小米壳封口，还可用稻壳保温。一般发酵期为21～28d，个别也有长达30余天的。发酵周期的长短，是与大曲的性能、原料粉碎度等有关，应该通过生产试验确定。在边糖化边发酵的过程中，应着重控制发酵温度的变化，使之符合前缓、中挺、后缓落的规律。

　　（6）出缸、蒸馏

　　发酵结束，将大渣酒醅挖出，拌入18%～20%的填充料疏松。开始的馏出液为酒头，酒度在75%（体积分数）以上，含有较多的低沸点物质，口味冲辣，应单独接取存放，可回入醅中重新发酵，摘取量为每甑1～2kg。酒头以后的馏分为大渣酒，其酸、酯含量都较高，香味浓郁。当馏分酒度低于48.5%（体积分数）时，开始截取酒尾，酒尾回入下轮复蒸，收尽酒精和高沸点的香味物质。流酒结束，敞口大汽排酸10min左右。蒸出的大渣酒，入库酒度控制在67%（体积分数）。

　　（7）二渣发酵

　　为了充分利用原料中的淀粉，蒸完酒的大渣酒醅需继续发酵一次，这叫二渣发酵。其操作大体上与大渣发酵相似，是纯糟发酵，不加新料，发酵完成后，再蒸二渣酒，酒糟作为扔糟排出。

　　二渣发酵结束后，出缸拌入少量小米壳，即可上甑蒸得二渣酒，酒糟作扔糟。如发酵不好，残余淀粉偏高，可进行三渣发酵。或加糖化酶、酵母进行发酵，使残余淀粉得到进一步的利用。

为了提高清香型大曲白酒的质量，在发酵中也可采取回醅发酵或回糟发酵，回醅量和回糟量分别为 5％，这样可以提高成品酒的总酸、总酯含量，优质品率也可提高 25％～40％。

（8）贮存勾兑

蒸馏得到的大渣酒、二渣酒、合格酒和优质酒等，要分别在陶缸中贮存三年，陶瓷缸的独特优势是酒中的甲醇等有害杂质可挥发出去，确保缸中酒高于一般酒的清纯度。

原酒经贮存后，加入不同的配料，严格按标准加浆，勾兑成成品，分类计量，盛装入库，最后进行成品包装。

3.3　固态发酵苦荞麦白酒加工技术

传统白酒一般用大曲或小曲进行发酵，小曲酒操作工艺较为简单，成本较低，发酵周期短，出酒率高，用曲量少，普遍适用于中小型企业。但是小曲酒中的香味物质种类和含量较少，总酸总酯含量低，口感较为淡薄，酒质较差，杂醇油含量较高，饮后易上头。国家名酒主要为大曲酒，大曲酒的工艺较为复杂，用曲量大，其生产周期较长，生产成本较高，出酒率不如小曲酒，但是大曲酒中香味物质的种类和含量较多，总酸总酯含量高，酒质好，口感较为醇厚。因此，可以考虑对小曲白酒的生产工艺进行改进，结合大曲酒和小曲酒的优点生产出新型白酒。

著者以大小曲混合发酵苦荞麦白酒的酿造工艺为例：以苦荞麦为原料，加入大曲和小曲进行糖化发酵，外加黄酒淋醅和荷叶垫池。该酿造工艺综合大小曲的优点，发酵周期比大曲酒周期短，酒质比小曲酒高，苦荞麦无需经过粉碎，整粒投料，酿造出具有独特营养价值及色香味俱佳的苦荞麦酒。该酿造技术对于提高苦荞麦酒出酒率、提升苦荞麦酒品质及保健功能起到了一定的生产指导意义。

3.3.1　材料与设备

3.3.1.1　酿酒原料

苦荞麦：贵州威宁地区生产。

黄　酒：自产黄酒。

小　曲：网购。

高温曲：网购。

3.3.1.2　主要试剂

所用主要试剂如前文第 2 章 2.2.1.2 中表 2-2 所示。

3.3.1.3　主要仪器设备

所用主要仪器设备如前文第 2 章 2.2.1.3 中表 2-3 所示。

3.3.2　研究方法

3.3.2.1　苦荞麦白酒生产工艺流程

苦荞麦白酒加工技术操作流程如图 3-1 所示。

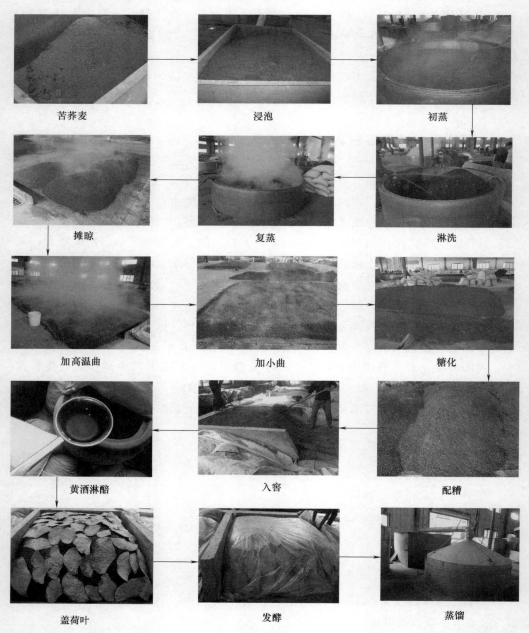

苦荞麦　　　　　　　　　浸泡　　　　　　　　　初蒸

摊晾　　　　　　　　　复蒸　　　　　　　　　淋洗

加高温曲　　　　　　　　加小曲　　　　　　　　糖化

黄酒淋醅　　　　　　　　入窖　　　　　　　　　配糟

盖荷叶　　　　　　　　　发酵　　　　　　　　　蒸馏

图 3-1　苦荞麦白酒加工技术操作流程

① 浸泡　从粮仓取 750kg 苦荞麦加入泡粮箱，加水淹没苦荞麦，水面离苦荞麦面约 20cm，15℃的水浸泡约 12h，根据水温高低适当增减泡苦荞麦所用的时间，但泡粮时间不宜过长或过短，泡粮时间过长会损失较多营养成分，泡粮时间过短，苦荞麦未充分吸水，不利于糊化。

② 初蒸　将浸泡好的苦荞麦运至蒸锅，打开蒸汽，一边蒸一边翻拌，蒸至苦荞麦壳开小口。

③ 淋洗　关闭蒸汽，用水淋洗苦荞麦，一边洗一边翻拌，除去苦荞麦表面的灰尘等杂质。

④ 复蒸　重新打开蒸汽，蒸至苦荞麦壳有一半开口。

⑤ 加高温曲　将苦荞麦从蒸锅取出，用小推车运至摊晾床，鼓风降温至 50℃左右，加入高温曲，拌匀。

⑥ 加小曲　待温度降至 45℃左右，加入一半小曲，拌匀，温度降至 40℃左右，加剩下的一半小曲。加曲温度过高会影响曲中的微生物活性，温度过低，苦荞麦中的淀粉会返生，而且熟粮裂口易闭合，导致曲中的菌丝不易深入粮心，影响糖化。加完小曲后再鼓风降温，然后收堆，收堆温度约为 35℃。摊晾、拌曲和上箱必须在 2h 内完成，防止杂菌感染，以免影响培菌。

⑦ 糖化　将收堆完毕的苦荞麦运至长×宽≈6.5m×3.5m 的空地，开始上箱，上箱完毕后苦荞麦中间的温度为 30℃左右，经 20~26h 后，温度达到 45℃左右即可出箱。

⑧ 配糟　每 750kg 苦荞麦约配 900kg 酒糟。

⑨ 黄酒淋醅　入窖完毕后，在酒醅表面均匀泼洒黄酒。

⑩ 盖荷叶　在入窖完毕后的酒醅表面盖上一层荷叶。

⑪ 发酵　入窖完毕后粮醅温度控制在 22℃左右。

⑫ 蒸馏　每个窖池分两甑进行蒸馏，每甑蒸馏时间为 1h 左右，接酒至 50%（体积分数），剩下的做尾酒。

⑬ 储存　将蒸馏出的苦荞麦白酒储存于酒坛中，储存约 3 个月。

⑭ 加苦荞麦黄酒，勾调　加入苦荞麦黄酒，勾调。

⑮ 储存　再储存 1 个月左右即可进行灌装。

3.3.2.2　发酵工艺优化单因素实验

(1) 发酵时间对苦荞麦白酒酿造的影响

发酵时间：选择酿造车间的一口试验窖池，在小曲用量为 0.9%、高温曲用量为 1%、黄酒用量为 1%的条件下，分别发酵 7d、10d、13d、16d、19d 后，结合感官评价与出酒率、总酸、总酯对原酒质量进行判断。

(2) 小曲用量对苦荞麦白酒酿造的影响

小曲用量：选择酿造车间的一口试验窖池，在高温曲用量为 1%、黄酒用量为 1%的条件下，小曲添加量分别为 0.7%、0.8%、0.9%、1%、1.1%，发酵 16d，结合感官评价与出酒率、总酸、总酯对原酒质量进行判断。

（3）高温曲用量对苦荞麦白酒酿造的影响

高温曲用量：选择酿造车间的一口试验窖池，在最佳小曲用量条件下，黄酒用量为1％，高温曲添加量分别为0、1％、2％、3％、4％，发酵16d，结合感官评价与出酒率、总酸、总酯对原酒质量进行判断。

（4）黄酒用量对苦荞麦白酒酿造的影响

黄酒用量：选择酿造车间的一口试验窖池，在最佳小曲用量和高温曲用量的条件下，黄酒添加量分别为0、1％、2％、3％、4％，发酵16d，结合感官评价与出酒率、总酸、总酯对原酒质量进行判断。

3.3.2.3 发酵工艺优化正交实验

在以上单因素试验的基础上设计正交试验来进行工艺的优化。以发酵16d为基本参数，选择小曲用量、高温曲用量和黄酒用量进行3因素3水平的正交试验。因素水平设计见表3-1。

表3-1　因素水平表

因数	A:小曲用量/％	B:高温曲用量/％	C:黄酒用量/％
水平1	0.8	2.5	1
水平2	0.9	3	2
水平3	1.0	3.5	3

3.3.2.4 苦荞麦白酒的品评与分析

苦荞麦白酒感官评价：酒厂高级评酒师进行品评，具体包括色香味和风格4个方面。

① 色泽，将苦荞麦白酒倒入洁净、干燥的评酒杯中，在明亮处观察，记录其色泽、清亮程度、沉淀及悬浮物情况。

② 香气，将苦荞麦白酒倒入洁净、干燥的评酒杯中，先轻轻摇动酒杯，然后用鼻闻嗅，记录其香气特征。

③ 口味，将苦荞麦白酒倒入洁净、干燥的评酒杯中，喝入少量样品（约2mL）于口中，以味觉器官仔细品尝，记下口味特征。

④ 通过品尝香与味，综合判断是否具有该产品的风格特点，并记录其强、弱程度。计分标准见表3-2和表3-3。

表3-2　色泽与香气计分标准

色泽		香气	
项目	分数	项目	分数
无色透明	＋10	具备固定香型香气特点	＋25
混浊	−4	放香不足	−2
沉淀	−2	香气不纯	−2

色泽		香气	
项目	分数	项目	分数
悬浮物	−2	香气不足	−2
带色(除微黄色外)	−2	带有异香	−2
		有不愉快气味	−5
		有杂醇油气味	−5
		有其他臭气	−7

表 3-3　口味与风格计分标准

口味		风格	
项目	分数	项目	分数
具有本香型的口味特点	+50	具有本品的特有风格	+15
欠绵软	−2	风格不突出	−5
欠回甜	−2	偏格	−5
淡薄	−2	错格	−5
冲辣	−3		
后味短	−2		
后味淡	−2		
后味苦(对小曲酒放宽)	−3		
涩味	−5		
焦煳味	−3		
辅料味	−5		
梢子味	−5		
杂醇油味	−5		
糠腥味	−5		
其他邪杂味	−6		

注:"+"表示加分,"−"表示减分。

酒度:酒精计法。

总酸:酸碱滴定法。

总酯:中和滴定法。

出酒率=酒的质量÷苦荞麦原料质量×100%。

综合评分=50%×出酒率得分+20%×总酸总酯得分+30%感官评价得分。

3.3.2.5　加苦荞麦黄酒勾调

将苦荞麦黄酒添加到苦荞麦白酒中,添加量分别为 1%、2%、3%、4%和

5%，分别存放 10d、20d、30d、40d 和 50d，结合感官评价与苦荞麦黄酮的保存率来选择苦荞麦黄酒添加量和添加苦荞麦黄酒后的存放时间。

3.3.2.6　苦荞麦成品酒中氨基酸测定

仪器型号：L-8900 型氨基酸自动分析仪。

厂家：日本日立公司。

检测方法：参照 GB/T 5009.124—2003。

3.3.3　结果与分析

3.3.3.1　发酵工艺单因素试验

（1）发酵时间单因素试验结果

① 发酵时间对出酒率的影响

从图 3-2 可以看出，出酒率在 40.6% 与 41.1% 之间变化。出酒率受原料淀粉含量和酒曲质量影响较大，但 5 个实验组的苦荞麦淀粉含量和酒曲添加量均一样，因此在一定范围内，不同发酵时间对出酒率的影响不大，可以选择发酵 7d、10d、13d、16d 或 19d。

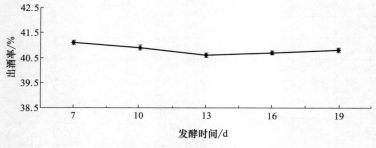

图 3-2　发酵时间对出酒率的影响

② 发酵时间对原酒总酸和总酯的影响

从图 3-3 可看出，总酸随着发酵时间的延长而增加，主要成分为乙酸和乳酸。在发酵第 16d 后总酸增加不明显，这是因为酸度过高时会抑制产酸菌的正常生长。白酒中的酸来自很多方面，酵母在产酒精时会产生多种有机酸，根霉等霉菌也产乳酸等有机酸，但大多数有机酸是由细菌生成的，通常在发酵前期和中期生酸量较少，发酵后期生酸较多。总酯随着发酵时间的延长而增加，发酵至 16d，总酯含量接近 3.0g/L，此后变化不明显。白酒中的酯是由醇和酸的酯化作用而生成的，其途径有两种：一是通过有机化学反应生成酯，此种反应所需时间很长；二是由微生物的生化反应生成酯，这是白酒生产中产酯的主要途径，随着时间的延长，总酯是越来越多的，但是酯类物质的生成要消耗酒精，因此随发酵期的延长，酒精则减少，产量因此而降低，延长发酵周期也会增加成本。从总酸和总酯的角度来考虑，应选择总发酵时间 16d 为宜。

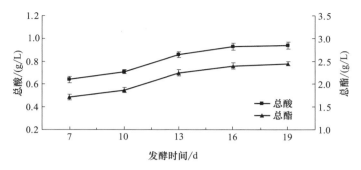

图 3-3　发酵时间对原酒总酸和总酯的影响

③ 不同发酵时间所产原酒的感官评价

随着发酵时间的延长，总酸总酯含量均有所增加，从图 3-4 可看出，随着发酵时间的增加，苦荞麦白酒的感官评价分值也越来越高，发酵 16d 或更长时间，苦荞麦白酒没有了辛辣刺鼻的味道，入口较柔和，口感较醇厚。从感官评价分值考虑，选择发酵时间为 16d 或 19d 为宜。

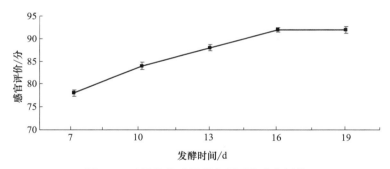

图 3-4　不同发酵时间所产原酒的感官评价

不同发酵时间对苦荞麦酒出酒率、总酸、总酯、感官评定的影响可从表 3-4 中可知，从以上的分析整体来看，综合出酒率、总酸、总酯以及感官评价，确定最佳发酵时间为 16d。

表 3-4　不同发酵时间对苦荞麦酒酒质的影响

项目	发酵时间/d				
	7	10	13	16	19
出酒率/%	41.1±1.21	40.9±1.03	40.6±0.98	40.7±1.52	40.8±1.16
总酸/(g/L)	0.64±0.10	0.71±0.18	0.86±0.19	0.93±0.16	0.94±0.13
总酯/(g/L)	1.72±0.31	1.87±0.24	2.25±0.27	2.4±0.19	2.45±0.22
感官评定/分	78±2.23	84±2.46	88±3.04	92±2.75	92±3.12

（2）小曲用量单因素试验结果

① 不同小曲用量对出酒率的影响

从图 3-5 可以看出，出酒率随着小曲用量的增加而升高，当小曲用量达到
0.9％时，原酒出酒率最高，随后稍有回落。出酒率很大程度上取决于原料淀粉含
量和小曲糖化力，小曲中主要成分是根霉，苦荞麦经过蒸煮后淀粉糊化，然后加入
小曲进行糖化，根霉菌吸收糊化了的淀粉为养料进行生长繁殖，在繁殖过程中，又
将淀粉转化为可发酵性糖，酵母在此期间同时繁殖，小曲添加量过少，糖化时不能
有效地将淀粉转化为还原糖，使得出酒率降低；小曲用量过高，糖化力会过高，糖
化速度过快，过多的糖分积累，会被杂菌利用而生酸，酸度增加，出酒率下降；糖
化过快，发酵亦同步加快，升温也快，使酵母过早地衰老而影响酒精发酵，并使酒
体中的杂醇油和醛类物质增加，影响酒质。因此，小曲用量过低和过高均不利于出
酒率的提升。小曲用量应选择 0.9％或 1.0％为宜。

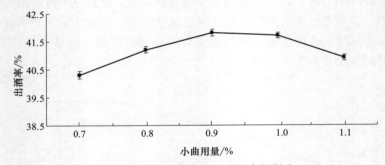

图 3-5　不同小曲用量对出酒率的影响

② 不同小曲用量对原酒总酸和总酯的影响

从图 3-6 可看出，随着小曲用量的逐渐增加，总酸在逐渐增加，在小曲用量达
1.0％时总酸达到极大值，其后稍有减少。总酯在小曲用量达 0.9％后逐渐趋于平
稳。从总酸总酯的角度来考虑，小曲用量可选择 0.8％、0.9％、1.0％或 1.1％。

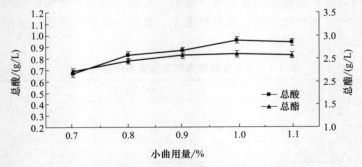

图 3-6　不同小曲用量对原酒总酸和总酯的影响

③ 不同小曲用量所产原酒的感官评价

从图 3-7 中可看出，酒体的感官评价分值随着小曲用量的增加而逐渐上升，原

酒入口不冲辣，香味协调，醇甜爽尽。小曲用量大于 0.8% 后，苦荞麦白酒酒质趋于稳定，感官评价差别不大，因此从感官评价角度考虑，小曲用量可选择 0.8%、0.9%、1.0% 或 1.1%。

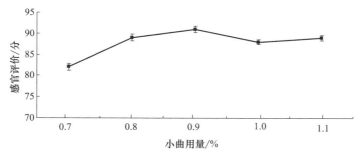

图 3-7　不同小曲用量所产原酒的感官评价

不同小曲用量对苦荞麦酒酒质的影响如表 3-5 所示，出酒率是白酒生产的重要指标，酒体风格的典型性可通过后期勾调来进行弥补。从以上的分析整体来看，小曲用量 0.9% 为宜。

表 3-5　不同小曲用量对苦荞麦酒酒质的影响

项目	小曲用量/%				
	0.7	0.8	0.9	1.0	1.1
出酒率/%	40.3±1.82	41.2±1.69	41.8±1.58	41.7±1.39	40.9±1.42
总酸/(g/L)	0.67±0.13	0.83±0.17	0.87±0.12	0.96±0.09	0.94±0.16
总酯/(g/L)	2.23±0.34	2.45±0.36	2.58±0.27	2.60±0.21	2.58±0.27
感官评定/分	82±3.12	89±3.26	91±2.87	88±2.95	89±2.41

（3）高温曲用量单因素试验结果

① 不同高温曲用量对出酒率的影响

从图 3-8 可看出，高温曲的增加对出酒率没有明显影响，高温曲中淀粉含量比

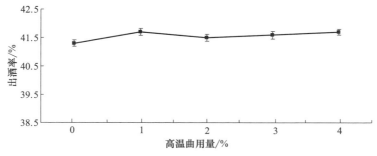

图 3-8　不同高温曲用量对出酒率的影响

较高，通常大于 50％，理论上加入高温曲等于增加投粮，会使得出酒率增加，但是在实际生产中，高温曲的使用主要是为了使原酒有更多的香味成分，工艺路线决定了高温曲用量较少，因此在一定范围内，高温曲用量的增加对出酒率影响并不大，出酒率仍主要取决于小曲添加量和原料中的淀粉含量。故高温曲用量可选择 1％、2％、3％或 4％。

② 不同高温曲用量对原酒总酸和总酯的影响

从图 3-9 可看出，随着高温曲用量的增加，总酸逐渐增加，并在高温曲用量达 2％后无明显变化。总酯在高温曲用量达 3％后增加不明显。小曲的糖化能力很强，大曲和小曲混用使得酸和酯的生成比大曲酒要快。从总酸总酯的角度来看，高温曲用量为 2％、3％或 4％。

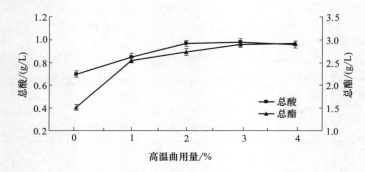

图 3-9　不同高温曲用量对原酒总酸和总酯的影响

③ 不同高温曲用量所产原酒的感官评价

从图 3-10 可看出，高温曲中积累的氨基酸类芳香物质对酒体香味的呈现起着重大作用，氨基酸在参与窖内发酵作用时，生成一些微量的花香类物质，使酒体绵柔细腻。不加高温曲时，蒸出的酒暴辣、有明显新酒味。随着高温曲用量的逐渐增加，酒入口越来越醇香浓郁，荞麦的香味也越来越突出，在高温曲用量达 3％时，口感趋于稳定。从感官评价的角度来看，高温曲用量为 3％或 4％。

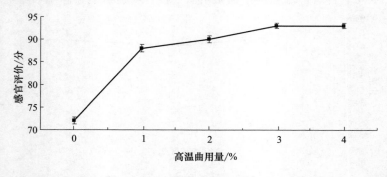

图 3-10　不同高温曲用量所产原酒的感官评价

不同高温曲用量对苦荞麦酒酒质的影响如表 3-6 所示，从以上的分析整体来看，高温曲用量对出酒率影响不大，对总酸总酯和原酒口感影响较大，综合考虑，选择 3% 高温曲用量为宜，3% 的高温曲用量远低于一般大曲酒 20%～25% 的大曲用量，所增加的成本不高。

表 3-6 不同高温曲用量对苦荞麦酒酒质的影响

项目	高温曲用量/%				
	0	1	2	3	4
出酒率/%	41.3±1.46	41.7±1.87	41.5±1.92	41.6±1.67	41.2±1.78
总酸/(g/L)	0.70±0.12	0.85±0.09	0.97±0.18	0.98±0.14	0.96±0.13
总酯/(g/L)	1.52±0.37	2.55±0.29	2.73±0.24	2.90±0.34	2.92±0.36
感官评定/分	72±3.65	88±2.54	90±3.49	94±3.75	94±2.31

（4）淋醅黄酒用量单因素试验结果

① 不同淋醅黄酒用量对出酒率的影响

从图 3-11 可看出，随着黄酒用量的逐渐增加对出酒率的影响不大，当黄酒用量超过 2% 时，出酒率急剧下降，这是因为添加较多黄酒就增加了酒醅的含水量，会导致一些不利于发酵的霉菌大量增殖，极易造成窖池顶层酒醅发霉，从而导致出酒率降低，故黄酒用量不宜超过 2%。

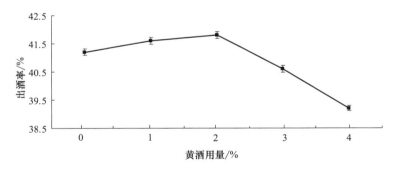

图 3-11 不同淋醅黄酒用量对出酒率的影响

② 不同淋醅黄酒用量对原酒总酸和总酯的影响

从图 3-12 可看出，适量地添加黄酒有利于总酸总酯含量的提升，但黄酒用量超过 3% 后，总酸开始小幅度降低；黄酒用量超过 2% 后，总酯含量有所减少，但幅度较小。总酸总酯含量的降低可能是由于加入的黄酒过多，导致酒醅中含水量过高，影响了发酵过程微生物的正常生长和繁殖。故淋醅黄酒用量选择 2% 或 3% 为宜。

③ 不同淋醅黄酒用量对原酒感官评价的影响

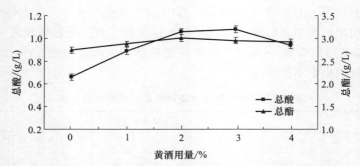

图 3-12　不同淋醅黄酒用量对原酒总酸和总酯的影响

从图 3-13 可看出，随黄酒用量逐渐增加，苦荞麦白酒的口感逐渐提升，并在黄酒用量达 2％时口感最佳，当黄酒用量超过 2％时，口感稍有点不协调，但变化不明显。酱香型白酒生产过程中将首次蒸得的生沙酒都泼回酒醅中，本工艺是将黄酒泼到酒醅中，有着异曲同工之妙，都能够增加酒精，同时也增加了酸、醇、醛、芳香化合物等成分，并且有助于控制窖内升温幅度，使窖内温度前缓、中挺、后缓落，在窖池内生物酶活跃、窖内温度、酸度适宜的有利条件下促进了酯化反应，使酒质在窖内陈香老熟，赋予成品酒更多的营养成分，使成品酒口味更加醇和。从感官评价考虑，黄酒用量 2％为宜。

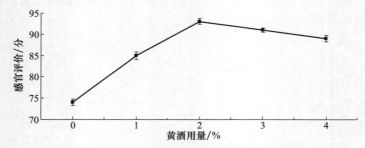

图 3-13　不同淋醅黄酒用量对原酒的感官评价的影响

不同黄酒用量对苦荞麦酒酒质的影响如表 3-7 所示，综合以上分析来看，结合出酒率、总酸、总酯和感官评定的结果，最终选择淋醅黄酒用量为 2％。

表 3-7　不同黄酒用量对苦荞麦酒酒质的影响

项目	黄酒用量/%				
	0	1	2	3	4
出酒率/%	41.2±1.79	41.6±1.56	41.8±1.31	40.6±1.85	39.2±1.54
总酸/(g/L)	0.66±0.15	0.89±0.13	1.06±0.11	1.08±0.14	0.94±0.14
总酯/(g/L)	2.74±0.35	2.88±0.23	3.01±0.24	2.95±0.31	2.92±0.36
感官评定/分	72±3.14	85±3.36	93±2.94	91±2.43	89±3.16

3.3.3.2　工艺优化正交试验

按前文 3.3.2.3 设计正交实验，对各试验的结果进行综合评定，内容包括出酒率、总酸、总酯和感官评定。正交试验结果分析见表 3-8。

表 3-8　L_9（3^3）正交试验表及试验结果分析

试验号	因素水平				综合评定/分
	A	B	C	空白列	
1	1	1	1	1	86
2	1	2	2	2	85
3	1	3	3	3	73
4	2	1	2	3	95
5	2	2	3	1	80
6	2	3	1	2	83
7	3	1	3	2	81
8	3	2	1	3	81
9	3	3	2	1	79
K_1	81.333	87.333	83.333	81.667	
K_2	86.000	82.000	86.333	83.000	
K_3	80.333	78.333	78.000	83.000	
R	5.667	9.000	8.333	1.333	

通过极差分析可知，影响苦荞麦酒酿造工艺主次因素为：高温曲用量＞淋醅黄酒用量＞小曲用量。由于最佳的白酒酿造组合条件没有在正交表中出现，所以要进行验证。验证得出最佳酿造组合条件下，综合评分为 92 分。所以最优的方案为 A2B1C2，即小曲用量为 0.9%，高温曲用量为 2.5%，黄酒用量为 2%。在该条件下重复进行三次试验，出酒率为 43%，总酸为 1.1g/L，总酯为 3.2g/L，综合评定为 95 分。

由表 3-9 可知，因素 B 和因素 C 对苦荞麦酒生产有显著影响，因素 A 为次要因素，与极差分析结果一致。

表 3-9　正交实验结果方差分析

方差来源	偏差平方和	自由度	均方	F 值	p 值
A	54.889	2	15.436	19.000	
B	122.889	2	34.558	34.558	*
C	106.889	2	30.059	30.059	*
误差	3.56	2			

注：$F_{0.05}(2,2)=19$，$F_{0.01}(2,2)=99.0$。

3.3.3.3　新工艺发酵和小曲工艺发酵的对比

（1）发酵条件对比

由表 3-10 可知，相对于传统的小曲酒工艺，新工艺中原料和小曲用量都没改变，只是将发酵时间延长了 9d，增加了 2.5% 的高温曲和 2% 的黄酒淋醅，所增加的成本并不高，大曲酒发酵周期通常在 30～90d 之间，新工艺发酵只需要 16d，远远小于大曲酒发酵周期。

表 3-10　新工艺发酵和小曲工艺发酵条件的比较

名称	发酵时间/d	小曲用量/%	高温曲用量/%	黄酒用量/%	原料
小曲工艺发酵	7	0.9	0	0	苦荞麦
新工艺发酵	16	0.9	2.5	2	苦荞麦

（2）理化指标的对比

由表 3-11 可知，相对于传统小曲酒工艺，新工艺出酒率提高了 7.7%，总酸提高了 120%，总酯提高了 100%，所产的苦荞麦白酒不暴辣、不冲鼻、入口绵柔醇厚、荞麦香味突出、口感醇和丰满。

表 3-11　新工艺发酵和小曲工艺发酵理化指标的比较

名称	出酒率/%	总酸/(g/L)	总酯/(g/L)	感官评价/分
小曲工艺发酵	39	0.5	1.6	78
新工艺发酵	42	1.1	3.2	94

3.3.3.4　苦荞麦黄酒添加效果

（1）苦荞麦黄酒添加量对苦荞麦黄酮保存率的影响

从图 3-14 可看出，将苦荞麦黄酒加入苦荞麦白酒后，随着贮存时间的推移，黄酮的保存率逐渐降低，当贮存时间超过 30d 后，苦荞麦黄酮保存率趋于稳定。苦荞麦黄酒加入量过少，其苦荞麦黄酮含量也较少，所起到的保健功能较低；苦荞麦黄酒加入过多时，苦荞麦黄酮含量保存率较低，并影响苦荞麦酒原有的风格。添加 3% 的苦荞麦黄酒，其保存率最高，并且苦荞麦黄酮含量较适宜，所以选择 3% 的苦荞麦黄酒添加量为宜。

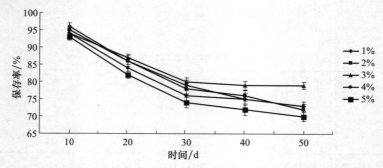

图 3-14　不同苦荞麦黄酒添加量对苦荞麦黄酮保存率的影响

（2）苦荞麦黄酒添加量对感官评价的影响

从图 3-15 可看出，勾调时加入苦荞麦黄酒后，随着时间的推移，酒体感官评价逐渐得到提升，当贮存时间达 30d 后，口感趋于稳定。这是因为苦荞麦黄酒和苦荞麦白酒中酸、酯、醛、酮、酚等微量成分的种类和含量不同，加入黄酒后各微量成分的分子重新排列和缔合，它们之间相互补充、协调平衡需要一定的时间，时间过短，酒的口味和风格都不稳定，时间过长则增加成本，所以选择贮存 30d 为宜。添加一定量的黄酒能突显出苦荞麦酒的苦荞麦香味，入口稍带苦味，余味悠长。黄酒添加量过少，酒体中苦荞麦黄酮含量较少，保健功能不突出，也不能体现苦荞麦酒的风格，添加量过多则会影响口感，降低酒度，使酒体浑浊，故选择黄酒添加量以 3% 为宜。

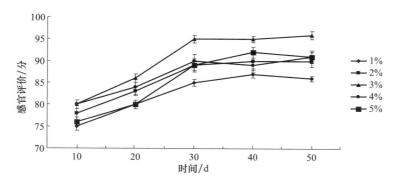

图 3-15　不同苦荞麦黄酒添加量的感官评价

3.3.3.5　成品苦荞麦酒中氨基酸检测结果

从表 3-12 可看出，成品苦荞麦酒中共检测出了 20 种氨基酸，包含人体必需的 8 种氨基酸，还包括 12 种非必需氨基酸，仅 2 种氨基酸未被检测出。氨基酸是生命代谢的基础，在人体中起着氮平衡作用，能转变为糖或脂肪，产生一碳单位和参与构成酶等，必需氨基酸是人体必不可少而机体内又不能合成的、必须从食物中补充的氨基酸，在人体中起着不可替代的作用。

表 3-12　成品苦荞麦酒中游离氨基酸含量　　　　　单位：mg/mL

氨基酸	含量	氨基酸	含量	氨基酸	含量
牛磺酸	0.492	天冬氨酸	0.969	苏氨酸	0.368
丝氨酸	0.976	谷氨酸	0.440	甘氨酸	0.578
丙氨酸	1.378	胱氨酸	—	缬氨酸	0.867
蛋氨酸	0.002	异亮氨酸	0.404	亮氨酸	1.016
酪氨酸	0.604	苯丙氨酸	0.654	γ-氨基丁酸	0.118
鸟氨酸	0.197	赖氨酸	0.262	脯氨酸	0.732
组氨酸	0.091	色氨酸	0.002	精氨酸	1.030
羟基脯氨酸	—			总和	11.180

3.3.4　结论

本节试验开发了一种大小曲混合发酵的苦荞麦酒工艺，其特点为：以高温曲和小曲作为糖化发酵剂，入池完成后在酒醅表面泼洒黄酒，然后以荷叶覆盖酒醅，原酒勾调时以苦荞麦黄酒作为调味酒。对该酿造工艺进行优化，最佳工艺条件为：小曲用量 0.9％、高温曲用量 2.5％、淋醅黄酒用量 2％、发酵时间为 16d、勾调黄酒用量 3％。在此条件下出酒率为 42.0％，原酒中总酸为 1.1g/L、总酯为 3.2g/L。

　　大小曲混合发酵苦荞麦酒结合了大曲和小曲的优点，小曲酒属于清香型白酒，优级清香型白酒标准为总酸≥0.4g/L，总酯≥1.0g/L，大部分名优白酒都属于浓香型白酒，优级浓香型白酒标准为总酸≥0.4g/L，总酯≥2.0g/L，而我们实验中的总酸达到了 1.1g/L，总酯达到了 3.2g/L，与用小曲酒工艺生产出的苦荞麦白酒相比，出酒率提高 7.7％，总酸提高 120％，总酯提高 100％，达到了优级浓香型白酒的标准。酿造出的苦荞麦酒不暴辣、不冲鼻、入口绵柔醇厚、荞麦香味突出、口感醇和丰满。本试验增加了荷叶盖酒醅的工艺，荷叶的清凉能防止酒醅温度过高，使发酵缓慢进行，还能使生产出的酒带有独特的荷叶清香。这种混曲发酵、黄酒淋醅和盖荷叶的方法为白酒的生产提供一个参考。

3.4　苦荞麦白酒风味成分分析

　　白酒中的各种风味成分的含量及其量比关系对白酒风味的形成和风格典型性起着至关重要的作用。白酒中香味成分以醇、酯、酸类为主，还有羰基化合物、含硫、含氮化合物等。常规的化学分析只能对化学基团起反应，同系物、异构物因化学基团相同而无法区别，如总酸总酯，测出的是一类物质的总量，以其中一组分为代表进行计算，因此，不足以反映香味成分的本来面目。色谱分析能把各组分分开，分别进行准确、快速的定量。

　　本节试验中采用固相微萃取-气相色谱-质谱（SPME-GC-MS）连用，利用气相色谱极强的分离能力以及质谱对未知化合物独特且灵敏的鉴定能力，分析荞麦酒中风味成分及其含量，为荞麦酒的发展提供科学的依据。

3.4.1　材料与仪器

3.4.1.1　酒样

　　苦荞麦白酒：实验室联合湖北监利粮酒酒业有限公司联合制备。

3.4.1.2　仪器设备

　　所用主要仪器设备如表 3-13 所示。

表 3-13　所用仪器

仪器名称	型号	厂家
气相色谱	FOCUS8890	德国 FOCUS 公司
水浴锅	HH-4（双列）	常州国华电器有限公司
萃取头 50/30μm	DVB/CAR/PDMS	美国 Supelco 公司
气相色谱-质谱联用仪	GC-MS7890A	美国安捷伦公司
集热式恒温磁力搅拌器	DF-101S	巩义市予华仪器有限责任公司

3.4.2　研究方法

3.4.2.1　气相分析

（1）酒样的预处理

取 1mL 酒样与 4mL 60％乙醇（色谱纯配制）混合，10000r/min 离心 10min，然后用 0.22μm 的有机膜进行过滤，取 1mL 加入测样瓶中，再加入 10μL 2％的乙酸正戊酯。

（2）混标的配制

将气相色谱标品乙醛、异丁醛、甲酸乙酯、乙酸乙酯、甲醇、异戊醛、仲丁醇、丁酸乙酯、乙酸丁酯、异丁醇、乙酸异戊酯、戊酸乙酯、正丁醇、乙酸正戊酯、异戊醇、己酸乙酯、正戊醇、乙偶姻、庚酸乙酯、乳酸乙酯、辛酸乙酯、庚醇、乙酸、糠醛、丙酸、异丁酸、1,2-丙二醇、丁酸、异戊酸、戊酸、己酸、苯甲醇、β-苯乙醇、庚酸、辛酸用 60％乙醇配制为 2％的样品，各取以上 2％样品 100μL，用 60％乙醇定容至 5mL。

（3）分析条件

对新工艺酿造生产出的苦荞麦白酒和用小曲工艺酿造的苦荞麦白酒进行气相色谱测定。升温程序为 40℃保留 8min，以 6℃/min 升温至 70℃，再以 10℃/min 升温至 220℃，保留 2min。分流比为 1:30，载气为高纯氮气，气化室温度 250℃，检测器为 FID，温度为 280℃。

3.4.2.2　GC-MS 分析

（1）挥发性风味成分提取方法

将经气相色谱进样口老化（老化 1h，温度 270℃）后的 50/30μm DVB/CAR/PDMS 萃取头插入装有 10mL 稀释至 10％（体积分数）的酒样的样瓶中，并于 60℃水浴处理 5min，恒温 40min，再将萃取头插入 GC-MS 仪器进样口解析 4min。

（2）GC-MS 检测条件

色谱条件：AgilentGC7890 气质联用仪。程序升温：初温 40℃，以 5℃/min 升到 120℃，保持 2min，再以 8℃/min 升到 250℃保持 1min，进样口温度为 250℃，不分流。

质谱条件：MS5975。电离方式：EI。扫描质量：50-350AMU。离子源温度：230℃。传输线：280℃。四级杆：150℃。

3.4.3　结果与分析

3.4.3.1　气相色谱分析

（1）混标的气相色谱分析

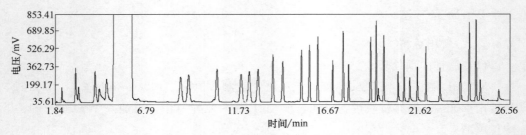

图 3-16　白酒标准品气相色谱图

（2）小曲工艺发酵苦荞麦白酒气相色谱分析

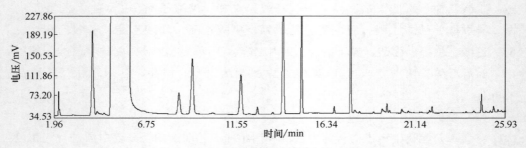

图 3-17　小曲工艺发酵苦荞麦白酒气相色谱图

（3）新工艺酿造的苦荞麦白酒气相色谱分析

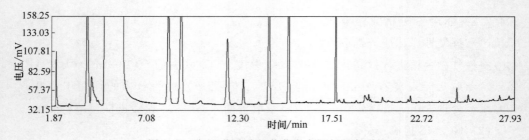

图 3-18　新工艺酿造的苦荞麦白酒气相色谱图

白酒标准品气相色谱图如图 3-16 所示，小曲工艺发酵苦荞麦白酒气相色谱图如图 3-17 所示，新工艺酿造的苦荞麦白酒气相色谱如图 3-18 所示。

（4）微量成分的对比

① 甲醇和杂醇油的对比

甲醇为白酒中的有害成分，它在人体内有积累作用，能引起慢性中毒，使视觉模糊，10mL 以上即有失明的危险，30mL 即可引起死亡。将小曲工艺发酵和新工艺发酵苦荞麦白酒的醇类含量进行对比，从图 3-19 可看出，用小曲工艺酿造出的苦荞麦白酒中甲醇含量明显高于新工艺酿造的苦荞麦白酒。

仲丁醇、异丁醇和异戊醇等高级醇统称为杂醇油，少量杂醇油是白酒的芳香成分，但含量过高对人体有毒害作用，杂醇油在体内氧化速度比乙醇慢，在人体内停留时间过长，会引起脑部血管收缩，从而造成脑部供血、供氧不足，导致人头痛，而且也会给酒带来邪杂味。图3-19表明，小曲工艺酿造的苦荞麦白酒中杂醇油含量明显高于新工艺酿造的苦荞麦白酒。

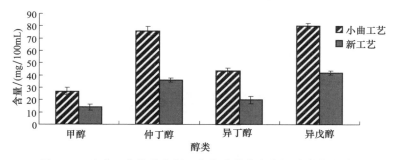

图3-19 小曲工艺发酵和新工艺发酵苦荞麦白酒醇类含量对比

② 酯类的对比

酯大都具有芳香味，是白酒重要的风味组成，使白酒具有水果的香气，其中乙酸乙酯、丁酸乙酯、己酸乙酯和乳酸乙酯是白酒中最重要的四大酯类。将小曲工艺酿造和新工艺酿造的苦荞麦白酒中的酯类物质含量进行对比，从图3-20可以得出，新工艺发酵所产苦荞麦白酒中的乙酸乙酯含量为140mg/100mL，乳酸乙酯含量为117mg/100mL，丁酸乙酯含量为101mg/100mL，比例较为协调，乙酸乙酯、乳酸乙酯和丁酸乙酯含量都明显高于小曲工艺发酵所产的苦荞麦白酒。己酸乙酯一般都存在于浓香型白酒中，其形成与窖泥中的己酸菌有关，而苦荞麦酒酿造过程使用的是水泥窖池，并没有用到窖泥，因此苦荞麦酒中不存在己酸乙酯。相对于小曲酒工艺酿造的苦荞麦白酒，新工艺酿造的苦荞麦白酒中乙酸乙酯含量增长了37％，乳酸乙酯含量增长了60％，丁酸乙酯含量增长了450％，形成了新工艺发酵苦荞麦酒固有的风味。发酵过程中的黄酒淋醅可能是导致丁酸乙酯含量大幅上升的原因。

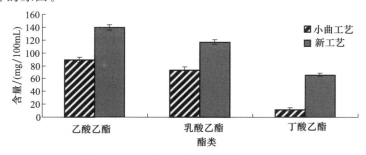

图3-20 小曲工艺酿造和新工艺酿造苦荞麦白酒酯类含量对比

③ 酸类对比

将小曲工艺酿造和新工艺酿造的苦荞麦白酒中的酸类物质含量进行对比，从表3-14可看出，新工艺发酵所产苦荞麦白酒的各类酸含量均高于小曲工艺发酵所产苦荞白酒，无论新工艺发酵还是小曲工艺发酵，乙酸均为最主要的酸类成分，其他酸类含量则远低于乙酸。酸在酒中起到呈香、助香、减少刺激和缓冲平衡的作用，苦荞麦白酒中各种有机酸的含量多少和适宜的比例及与其他呈香呈味的微量成分共同构成了苦荞麦酒特有的典型风格。如果酸类物质含量高，会使酒味粗糙、出现邪杂味，从而降低了酒的质量；过低时，则酒味寡淡，香气弱，后味短，使产品失去了应有的风格。

表 3-14　新工艺发酵和小曲工艺发酵苦荞麦白酒中酸类的比较

单位：mg/100mL

名称	乙酸	丙酸	丁酸	庚酸	辛酸
小曲工艺发酵	32.162	0.765	1.234	0.632	0.554
新工艺发酵	43.281	1.046	1.521	0.952	0.735

3.4.3.2　新工艺苦荞麦白酒 GC-MS 分析

3.4.4　结论

对新工艺发酵苦荞麦白酒已经进行 GC-MS 分析，结果如图 3-21 和图 3-22 所示。分离出的部分挥发性化合物成分如表 3-15 所示。

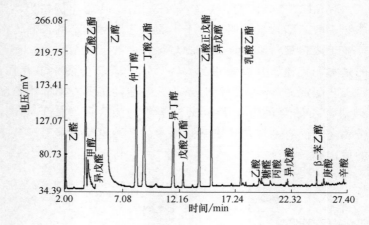

图 3-21　苦荞麦白酒气相色谱图

共分离鉴定出 75 种化合物：

酯类物质有 37 种，包括甲酸乙酯、乙酸乙酯、丁酸乙酯、乙酸异戊酯、戊酸乙酯、丁酸丁酯、己酸乙酯、乙酸己酯、己酸丙酯、庚酸乙酯、己酸异丁酯、异戊

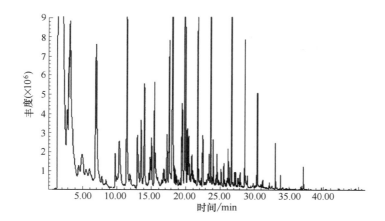

图 3-22　新工艺发酵苦荞麦白酒 GC-MS 总离子色谱图

表 3-15　新工艺发酵苦荞麦白酒中的挥发性成分

序号	挥发性成分	保留时间/min	相对含量/%
1	乙醛	0.0788	1.567
2	甲酸乙酯	1.0131	0.057
3	乙酸乙酯	1.22.38	6.008
4	甲醇	1.329	0.346
5	异戊醛	1.426	1.036
6	乙醇	1.5228	11.04
7	丙酸乙酯	2.8036	0.024
8	仲丁醇	3.0059	0.744
9	异戊醇	3.1985	0.562
10	异丙醇	3.5018	1.234
11	丁酸乙酯	4.4505	5.765
12	异丁醇	4.9898	0.954
13	糠醛	5.9962	0.364
14	2-甲基丙醛	6.7088	0.234
15	乙酸异戊酯	6.9881	8.648
16	仲丁醇	7.8067	0.369
17	丙酸	8.4086	0.155
18	戊酸乙酯	9.7666	1.033
19	苯甲醛	9.988	1.236
20	丙酸异戊酯	10.3492	2.725
21	己酸乙酯	11.4567	4.96
22	苯乙烯	11.9142	0.659
23	异戊酸	12.8531	0.043
24	苯乙醛	12.9928	2.232
25	庚酸	13.4069	0.254
26	戊酸	13.5129	1.729
27	正辛醇	14.004	2.905

续表

序号	挥发性成分	保留时间/min	相对含量/%
28	庚酸乙酯	14.8419	0.334
29	乳酸乙酯	14.9141	7.553
30	壬醛	15.0297	0.982
31	苯乙醇	15.4534	3.048
32	己醇	15.9109	1.234
33	丁酸异戊酯	16.821	0.23
34	1-壬醇	17.2736	1.278
35	丁二酸二乙酯	17.6155	3.568
36	苯甲酸乙酯	18.1211	3.609
37	辛酸乙酯	18.227	0.156
38	乙酸	18.2848	1.354
39	癸醛	18.4293	0.221
40	乙酸辛酯	18.6171	0.128
41	3,4-二甲基苯甲醛	18.7374	0.364
42	2,3-丁二醇	18.9782	0.067
43	辛酸	19.2383	0.067
44	苯乙酸乙酯	19.4598	1.753
45	乙酸苯乙酯	19.9268	3.478
46	辛酸异戊酯	20.0376	0.223
47	己戊烷基酯	20.4084	0.49
48	4-乙基愈创木酚	20.4758	0.572
49	己酸戊酯	20.784	0.044
50	壬酸乙酯	20.8899	0.278
51	庚酸丁酯	21.8578	0.14
52	癸酸	23.1772	0.049
53	辛酸己酯	23.2494	0.093
54	癸酸乙酯	23.6683	6.115
55	月桂醛	23.9669	0.528
56	辛酸戊酯	24.9155	0.569
57	2-苯乙基酯乙酸	25.6426	0.082
58	苯丙酸乙酯	26.1434	0.351
59	琥珀酸二异丁酯	26.649	1.274
60	月桂酸乙酯	28.5655	1.699
61	十四烷酸乙酯	30.9202	0.048
62	十五烷酸乙酯	31.1657	0.088
63	十六烷酸乙酯	32.4803	0.022
64	棕榈酸甲酯	32.9956	0.591
65	亚油酸乙酯	34.079	0.042
66	油酸乙酯	36.6504	0.041
67	棕榈酸乙酯	37.0404	0.355

酸异戊酯、乳酸乙酯、己酸丁酯、辛酸乙酯、己酸异戊酯、己酸戊酯、辛酸丙酯、壬酸乙酯、己酸己酯、癸酸乙酯、丁内酯、苯甲酸乙酯、己酸庚酯、丁二酸二乙酯、苯乙酸乙酯、乙酸苯乙酯、月桂酸乙酯、苯丙酸乙酯、十四烷酸乙酯、十五烷酸乙酯、己酸苯乙酯、棕榈酸乙酯、邻苯二甲酸二乙酯、十八烷酸乙酯、油酸乙

酯、亚油酸乙酯，占总风味物质的 51.763%。酯类物质作为荞麦酒风味成分的主体物质，其产生一部分是在发酵过程中由酵母代谢活动产生，而另一部分是在酒类贮存过程中由于醇类与酸类发生酯化反应，而增加酒体中酯类物质的种类及含量，使得酒体趋于稳定状态。

醇类物质：一共有 13 种，包括甲醇、乙醇、仲丁醇、异戊醇、异丙醇、异丁醇、仲丁醇、正辛醇、壬醛、苯乙醇、己醇、1-壬醇和 2,3-丁二醇。醇类物质除了占主体位置的乙醇外，主要是高级醇，高级醇的来源主要有两个途径：首先是由酵母在糖代谢过程中的中间产物在脱氢酶作用下形成，其次是氨基酸在脱羧酶和转氨酶的作用下生成醛和酸，再经过还原反应生成高级醇。苯乙醇具有清甜的玫瑰香、果香和紫罗兰香，主要源于发酵过程中对苯丙氨酸的降解，另外，一些酵母菌在体内经过莽草酸途径形成分支酸，利用变位酶将分支酸转变成预苯酸，再经过脱水、脱羧形成苯丙酮酸，苯丙酮酸脱羧产生苯乙醇。2,3-丁二醇可使酒体发甜香，后味绵长，因此对荞麦酒风味具有很大的贡献。

酸类物质：俗话说"无酸不成酒"，酸类是酒体中重要的呈味物质，在风味中占据重要地位。大多数有机酸属于非挥发性的，从结论中酸类的种类总数来看，共有 8 种，其中包括丙酸、异戊酸、庚酸、戊酸、乙酸、辛酸、癸酸和 2-苯乙基酯乙酸。

醛类物质：一共有 10 种，包括乙醛、月桂醛、3,4-二甲基苯甲醛、癸醛、壬醛、苯乙醛、苯甲醛、糠醛、2-甲基丙醛和异戊醛。醛类化合物是由高级醇氧化或美拉德反应产生的，是黄酒老化的重要物质之一，荞麦酒的贮藏时间决定了醛类物质的种类和数量。荞麦白酒中的乙醛使得酒体带有陈粮味，微甜带涩，为荞麦酒增加了独特的风味。

缩醛类物质：一共有 2 种，包括乙缩醛和 1,1-二乙氧基-2-甲基丁烷，占总风味物质的 3.124%。

呋喃化合物：一共有 2 种，乙酰基呋喃和 3-甲基-2（5H）-呋喃酮，占总风味物质的 1.025%。

酚类化合物：一共有 3 种，4-甲基愈创木酚、4-乙基愈创木酚和对甲基苯酚，占总风味物质的 0.042%。

荞麦酒风味成分丰富，其主要风味成分特征受原料、发酵工艺、酵母的代谢以及风味成分的种类、含量、人主观感觉阈值、各成分之间相互协调作用的共同影响。对小曲工艺酿造的苦荞麦白酒和新工艺酿造的苦荞麦白酒进行的气相色谱分析，得出新工艺酿造的苦荞麦白酒中甲醇降低了 50%，仲丁醇、异丁醇和异戊醇等杂醇油均有明显降低，乙酸乙酯增加了 37%，乳酸乙酯增加了 60%，丁酸乙酯含量增长了 450%，乙酸、丙酸、丁酸等各种酸类均有不同程度的增加。

综上，大小曲混合发酵、黄酒淋醅和盖荷叶的方法制作出的苦荞麦酒具有独特的风味特色，可为新型苦荞麦白酒的生产提供一个参考。

第4章

配制型荞麦酒加工技术

4.1　配制酒简介

　　配制酒是我国古老的酒种之一，与酿造酒、蒸馏酒并列为三大饮料酒。传统的配制酒是在改变酒类的色、香、味、格或把酒作载体萃取相关成分供饮酒者饮用，多为添加中药材泡制而成的药补酒，大多属于药品、保健食品范畴。随着人们生活水平的提高，对营养、保健和有个性化的配制酒的需求越来越强烈。具有地方特色的各种原料被用于配制酒的制作中，由此制作出种类繁多、个性独特的营养配制酒。

　　营养配制酒是采用更科学的生产工艺办法，在发酵酒或蒸馏酒中添加花、果、动植物成分、营养物、卫计委允许药食两用的中药材、微量元素和食品添加剂等新型食用药用原料制成适用性较强的营养化配制酒。营养配制酒一般含有丰富的矿物质、多糖、氨基酸、类脂、有机酸、维生素、黄酮、皂苷、生物碱等营养和功效成分。其用料安全，无毒副作用，其原理是利用了酒的良好溶剂性和稳定性，来承载各种营养成分，使相关营养成分溶入酒中而形成稳定的营养液，有利于人体吸收利用，参与机体代谢，调节功能平衡，强化营养物质的作用。

　　配制型荞麦酒的制作原理是将荞麦原料中的营养和保健成分溶解于酒产品中，将其富含的醇溶性黄酮类化合物，有效地溶于酒体中，可提高荞麦中功效性营养成分的吸收和适口性，其营养价值和保健价值也得到大幅提升。由于其酒精度数相对于白酒较低，营养丰富，且具有增强机体免疫、抗疲劳、降三高等保健功效，因而越来越受到消费者的青睐。

　　荞麦配制酒的开发不仅能够丰富保健酒市场，更能充分利用苦荞麦资源，赋予产品新的生命力，提高农业附加值，增加农民收入。

4.2　荞麦壳黄酮的提取与纯化

　　荞麦壳中的黄酮类营养功效性物质含量很高，传统的荞麦壳都是直接被用来当作饲料，不能提高产品的附加值。因此，著者将苦荞麦壳中的黄酮提取出来，将其溶解于酒体中，将会提高配制酒的营养价值。以荞麦壳为原料，经干燥、超微粉碎处理后，分别从乙醇溶液提取、乙醇溶液＋超声波、乙醇溶液＋微波三种提取方案中选出黄酮得率的最优方法；在确定出最优化提取方案的基础上，对不同类型大孔树脂的纯化效果进行探讨，确定精制荞麦黄酮的理想树脂材料，进一步优化影响荞麦黄酮纯化率的具体参数。在整个提取、浓缩、纯化工艺过程中，结合荞麦壳黄酮精提物的抗氧化功效性评价，以营养特性为最终评价指标来确定荞麦壳黄酮提取、浓缩、纯化的最佳工艺组合。

4.2.1　材料与设备

4.2.1.1　原料

苦荞麦壳：贵州威宁地区生产的苦荞麦进行脱壳处理所得的苦荞麦壳。

4.2.1.2　仪器设备

所用主要仪器设备如表 4-1 所示。

表 4-1　所用主要仪器设备

设备名称	型号	厂　家
电子天平	TP310Z	北京赛多利斯仪器系统有限公司
pH 计	FE20	梅特勒-托利多仪器有限公司
真空冷冻干燥器	LGJ-50F	北京松源华兴科技发展有限公司
超声波仪	DTC-8	鼎泰生化科技设备制造有限公司
数显恒温水浴锅	HH-S	巩义市予华仪器有限公司
分光光度计	WF J 2000	尤尼柯（上海）仪器有限公司
超净操作台	ZHJH-C1214B	上海智城分析仪器制造有限公司
高压蒸汽灭菌锅	SYQ-DSX-280-B	上海申安医疗系统有限公司
移液枪	YY-20-G	北京华美生科生物技术有限公司
烘箱	ZXFD-B5250	海智城分析仪器制造有限公司
粉碎机	HK-04A	广州市旭朗机械设备有限公司

4.2.2　研究方法

4.2.2.1　样品的前处理

将苦荞麦壳放入烘箱中 60℃烘干 24h，用小型粉碎机进行粉碎，过 60 目筛，用密封袋保存于低温、暗箱内。

4.2.2.2　苦荞麦总黄酮的测定

按照本书第 2 章 2.2.2.1 方法绘制黄酮标准曲线，测定黄酮总含量。

4.2.2.3　乙醇提取苦荞麦壳黄酮

（1）乙醇提取单因素试验

① 固液比对苦荞麦黄酮提取的影响

在提取温度为 60℃、乙醇浓度 40％、提取时间 4h 的条件下，设置不同的固液比（g∶mL）1∶10、1∶15、1∶20、1∶25、1∶30。

② 乙醇浓度对苦荞麦黄酮提取的影响

在提取温度为 60℃、固液比 1∶20（g∶mL）、提取时间为 4h 的条件下下，设置不同的乙醇浓度 20％、30％、40％、50％、60％。

③ 提取时间对苦荞麦黄酮提取的影响

在提取温度为 60℃、固液比为 1∶20（g∶mL）、乙醇浓度为 40％的条件下下，设置不同的提取时间 2h、3h、4h、5h、6h。

④ 温度对苦荞麦黄酮提取的影响

在乙醇浓度为 40％、固液比 1∶20（g∶mL）、提取时间为 4h 的条件下下，设置不同的温 50℃、60℃、70℃、80℃、90℃。

（2）乙醇提取正交试验

由以上单因素试验可知，乙醇提取苦荞麦黄酮的主要影响因素有固液比、乙醇浓度、提取时间、提取温度，所以选择这四种因素进行正交试验，以确定最佳工艺，乙醇提取苦荞麦黄酮因素水平如表 4-2 所示。

表 4-2　乙醇提取苦荞麦黄酮因素水平表

水平	A（温度/℃）	B（固液比 g∶mL）	C（乙醇浓度/％）	D（浸提时间/h）
1	50	1∶15	30	2
2	60	1∶20	40	3
3	70	1∶25	50	4
4	80	1∶30	60	5

4.2.2.4　超声波提取苦荞麦壳黄酮

（1）超声提取单因素试验

① 超声功率对浸提效果的影响

在料液比为 1∶20（g∶mL）、超声时间为 20min、乙醇浓度为 50％、溶剂 pH 为 7.5 的条件下设置不同的超声波功率 450W、550W、650W、750W、850W、950W，然后在 50℃的条件下浸提 30min。

② 超声时间对浸提效果的影响

在料液比为 1∶20（g∶mL）、超声功率为 750W、乙醇浓度为 50％、溶剂 pH 为 7.5 的条件下设置不同的超声时间 20min、25min、30min、35min、40min、45min，然后在 50℃的条件下浸提 30min。

③ 乙醇浓度对浸提效果的影响

在料液比为 1∶20（g∶mL）、超声功率为 750W、超声时间为 35min、溶剂 pH 为 7.5 的条件下设置不同的乙醇浓度 45％、50％、55％、60％、65％、70％，然后在 50℃的条件下浸提 30min。

④ 料液比对浸提效果的影响

在超声功率为 750W、超声时间为 35min、乙醇浓度为 55%、溶剂 pH 为 7.5 的条件下设置不同的料液比（g：mL）1：10、1：15、1：20、1：25、1：30、1：35，然后在 50℃的条件下浸提 30min。

⑤ 溶剂 pH 对浸提效果的影响

在料液比为 1：20（g：mL）、超声功率为 750W、超声时间为 35min、乙醇浓度为 55% 条件下设置不同的溶剂 pH 6.5、7、7.5、8、8.5、9，然后在 50℃的条件下浸提 30min。

⑥ 浸提温度对浸提效果的影响

在料液比为 1：20（g：mL）、超声功率为 750W、超声时间为 35min、乙醇浓度为 55%、溶剂 pH 为 8.0 的条件下设置不同的浸提温度 35℃、40℃、45℃、50℃、55℃、60℃，浸提 30min。

⑦ 浸提时间对浸提效果的影响

在料液比为 1：20（g：mL）、超声功率为 750W、超声时间为 35min、乙醇浓度为 55%、溶剂 pH 为 8.0、浸提温度为 45℃的条件下设置不同的浸提时间 20min、30min、40min、50min、60min、70min。

（2）超声提取正交试验

由以上单因素试验可知，超声波提取苦荞麦壳黄酮的主要影响因素有超声功率、超声时间、乙醇浓度、浸提温度、浸提时间，所以选择这五种因素进行正交试验，以确定最佳工艺。超声波提取苦荞麦壳黄酮因素水平表如表 4-3 所示。

表 4-3　超声波提取苦荞麦壳黄酮因素水平表

水平	A(超声功率 /W)	B(超声时间 /min)	C(乙醇浓度 /%)	D(浸提温度 /℃)	E(浸提时间 /min)
1	550	25	50	40	40
2	650	30	55	45	50
3	750	35	60	50	60
4	850	40	65	55	70

4.2.2.5　微波提取苦荞麦壳黄酮

（1）微波提取单因素试验

① 预浸泡时间对浸提效果的影响

在料液比为 1：30（g：mL）、乙醇浓度为 50%、微波功率为 600W、微波处理时间为 10min 的条件下设置不同的预浸泡时间 0、10min、20min、30min、40min、50min。

② 微波功率对浸提效果的影响

在预浸泡 30min、料液比为 1：30（g：mL）、乙醇浓度为 50%、微波处理时间为 10min 的条件下设置不同的微波功率 300W、400W、500W、600W、700W、800W。

③ 微波处理时间对浸提效果的影响

在预浸泡 30min、料液比为 1：30（g：mL）、乙醇浓度为 50％、微波功率为 600W 的条件下设置不同的微波处理时间 7min、11min、15min、19min、23min、27min。

④ 乙醇浓度对浸提效果的影响

在预浸泡 30min、料液比为 1：30（g：mL）、微波功率为 600W、微波处理时间为 15min 的条件下设置不同的乙醇浓度 20％、30％、40％、50％、60％、70％。

⑤ 料液比对浸提效果的影响

在预浸泡 30min、微波功率为 600W、微波处理时间为 15min、乙醇浓度为 40％的条件下设置不同的料液比（g：mL）1：20、1：25、1：30、1：35、1：40、1：45。

⑥ 提取次数对浸提效果的影响

在预浸泡 30min、料液比为 1：30（g：mL）、微波功率为 600W、微波处理时间为 15min、乙醇浓度为 40％的条件下设置不同的浸提次数 1 次、2 次、3 次、4 次。

（2）微波提取正交试验

由以上单因素试验可知，微波提取苦荞麦壳黄酮的主要影响因素有微波功率、微波处理时间、乙醇浓度、料液比，故选择这四种因素进行正交试验，以确定最佳工艺，微波提取苦荞麦壳黄酮因素水平表如表 4-4 所示。

表 4-4　微波提取苦荞壳黄酮因素水平表

水平	A（微波功率/W）	B（微波处理时间/min）	C（乙醇浓度/％）	D（料液比）
1	500	11	30	1：25
2	600	15	40	1：30
3	700	19	50	1：35

4.2.2.6　大孔吸附树脂纯化苦荞麦壳黄酮

（1）大孔吸附树脂的预处理

用 95％的乙醇浸泡大孔树脂 24h，然后用乙醇进行洗涤，直至洗出液中加适量蒸馏水无白色混浊现象，再用蒸馏水洗尽乙醇，然后用 3％NaOH、5％HCl 分别浸泡 2～4h，分别用蒸馏水洗至中性。

（2）大孔吸附树脂型号的确定

准确称取经过预处理的树脂 20g 置于 250mL 磨口三角瓶中，加入苦荞麦壳黄酮提取液于恒温摇床中，24h 后过滤，测定滤液中总黄酮含量，按下式计算各树脂室温下的吸附量（Q）和吸附率。

$$Q = \frac{(C_0 - C_v)V}{W}$$

$$吸附率（\%） = \frac{C_0 - C_v}{C_0} \times 100\%$$

式中　Q——吸附量，mg/g；

　　　C_0——初始浓度，mg/mL；

　　　C_v——剩余浓度，mg/mL；

　　　V——溶液体积，mL；

　　　W——树脂质量，g。

将吸附平衡的树脂立即放入磨口三角瓶中，加入 70% 的乙醇与恒温摇床中，24h 后再将树脂滤出，测定洗脱液中黄酮的浓度，计算解吸率。

$$解吸率(\%)=\frac{V_d \times C_d}{MQ} \times 100\%$$

式中　V_d——解吸液体积，mL；

　　　C_d——解吸液浓度 mg/mL；

　　　M——树脂质量，g；

　　　Q——吸附量，mg/g。

（3）大孔吸附树脂的动态吸附

① 动态吸附率的计算

选取经过静态吸附好的树脂湿法装柱，取一定量的苦荞麦黄酮提取液，在不同条件下流经层析柱，由下式计算吸附率：

$$吸附率(\%)=\frac{C_0-C_r}{C_0} \times 100\%$$

式中　C_0——初始浓度，mg/mL；

　　　C_r——过柱液中黄酮的含量，mg/mL。

② 流速对吸附的影响

取总黄酮浓度为 0.4mg/mL 的上样液 100mL，分别以 1mL/min、3mL/min、5mL/min、7mL/min、9mL/min 的流速通过层析柱，重吸附一次，收集过柱液，测总黄酮含量，计算吸附率。

③ pH 对吸附率的影响

取 pH 2.5、3.5、4.5、5.5、6.5 的上样液各 100mL，以 3.0mL/min 的流速通过层析柱，重吸附一次，收集过柱液，测总黄酮含量，计算吸附率。

④ 上样液的浓度对吸附率的影响

取浓度为 0.5mg/mL、1mg/mL、1.5mg/mL、2mg/mL、2.5mg/mL 的上样液各 100mL，以 3.0mL/min 的流速通过层析柱，重吸附一次，收集过柱液，测总黄酮含量，计算吸附率。

⑤ 泄露曲线的绘制

在上述最优条件下将黄酮样液上柱吸附，分别测定 0.5h、1.0h、1.5h、2.0h、2.5h、3.0h、3.5h、4.0h 时滤液中的黄酮浓度。

（4）大孔吸附树脂的动态解吸

① 动态解吸率的计算

动态吸附饱和后，选取洗脱剂，调节不同的工艺条件对其进行洗脱，由下式计算解析率：

$$解吸率(\%)=\frac{V_r \times C_r}{V_0 \times C_0 \times A} \times 100\%$$

式中　A——吸附率，%；

　　　V_r——解吸液体积，mL；

　　　C_r——解吸后溶液浓度，mg/mL；

　　　V_0——吸附液体积，mL；

　　　C_0——吸附液起始浓度，mg/mL。

② 乙醇浓度对洗脱率的影响

取总黄酮浓度为 1.0mg/mL 的上样液，将 pH 调至 4.5 上柱，重吸附一次，80mL 水洗脱，用 pH 值为 8 浓度分别为 10%、30%、50%、70%、90%的乙醇溶液，以 3.0mL/min 的流速进行洗脱，收集洗脱液，测定总黄酮含量，计算解吸率。

③ pH 对洗脱率的影响

取总黄酮浓度为 1.0mg/mL 的上样液，将 pH 调至 4.5 上柱，重吸附一次，80mL 水洗脱，取 80mL 50%乙醇分别调 pH 至 6、7、8、9、10 进行洗脱，洗脱流速为 3mL/min，收集洗脱液，测定总黄酮含量，计算解吸率。

④ 洗脱速率对洗脱率的影响

取 100mL 上样液，将 pH 调至 4.5 上柱，重吸附一次，80mL 水洗脱，取 80mL pH 值为 8 的 50%乙醇溶液进行洗脱，以流速分别为 1mL/min、3mL/min、5mL/min、7mL/min、9mL/min、11mL/min 进行洗脱，收集洗脱液，测定总黄酮含量，计算解吸率。

⑤ 动态洗脱曲线的绘制

在最优吸附条件下将黄酮样液上柱吸附，待吸附至饱和后，先用 80mL 水进行洗脱，洗去水溶性杂质，再用 pH 为 8、乙醇浓度为 50%的溶液进行洗脱，洗脱流速为 3mL/min，分别测定 0.2h、0.4h、0.6h、0.8h、1.0h、1.2h 时洗脱液中总黄酮的含量。

4.2.2.7　黄酮的精制

用旋转蒸发仪对经过大孔树脂纯化后的样品进行浓缩，除去大量水分和乙醇。将浓缩后的黄酮置于 50℃干燥箱内 24h，得到苦荞麦黄酮。

4.2.3　黄酮提取结果

4.2.3.1　乙醇提取苦荞麦壳黄酮试验结果

（1）乙醇提取单因素试验结果

① 固液比对总黄酮提取的影响

从图 4-1 可以看出，随着固液比的增加，总黄酮含量也在增加，当固液比达到
1∶25（g∶mL）以后，总黄酮含量增加的幅度变小，趋于平稳。当固液比较高，
随着固液比的增大，苦荞麦壳与液体的接触面积增大，浓度差较大，有利于传质，
当固液比增高达到一定值后，总黄酮含量便不再增高，这是因为苦荞麦壳中黄酮含
量是一定的。

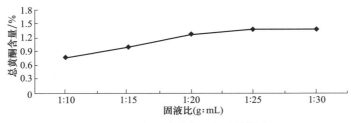

图 4-1　固液比对总黄酮提取的影响

② 乙醇浓度对总黄酮提取的影响

从图 4-2 可以看出，总黄酮含量随着乙醇浓度的增加而先增加后减少，在乙醇
浓度达 40％时，总黄酮含量达到最大。乙醇浓度的增加使得溶液的极性增大，对
一些极性较大的黄酮类化合物的提取能力增大，但随着乙醇浓度的增加，沸点降
低，易于挥发，在相同的温度条件下，乙醇浓度越高，蒸汽中的乙醇含量越高，不
利于极性较高的黄酮类化合物的提取，而且热回流也不能完全回收乙醇，浓度越
高，乙醇越易散失，所以选择40％为宜。

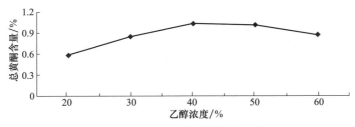

图 4-2　乙醇浓度对总黄酮提取的影响

③ 提取时间对总黄酮提取的影响

从图 4-3 可以看出，随着提取时间的延长，总黄酮的含量越来越多，但是增加
的速度越来越慢，提取时间达到 5h 时，总黄酮含量最高，再延长提取时间，则总
黄酮含量迅速下降。随着提取时间的延长，苦荞麦壳与乙醇溶液充分接触，可使其
中的黄酮类化合物更多地溶出，苦荞麦种子胚中有芦丁降解酶，在制粉的过程中会
使得苦荞麦壳中含有部分芦丁降解酶，会引起芦丁的降解。在2~5h内，随着时间
的延长，总黄酮含量的提高大于芦丁酶的降解，而在5~6h内，苦荞麦壳中黄酮大

部分已经溶出,此时芦丁降解酶起主导作用,因此总黄酮含量降低。

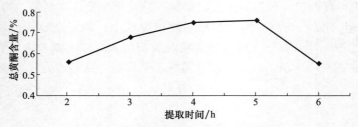

图 4-3　提取时间对总黄酮提取的影响

④ 提取温度对总黄酮提取的影响

从图 4-4 可以看出,随着提取温度的增加,总黄酮含量也越来越多,当温度达到 80℃时,总黄酮含量达到最大,温度继续增加会使得总黄酮含量降低。一方面,温度的升高,加快了传质的速度,有利于黄酮的提取。另一方面,温度越高,蒸汽中的乙醇含量就越高,溶液中的乙醇含量相对降低,温度的升高也会使得其他可溶性物质溶出的速度增加,与黄酮形成竞争,所以随着提取温度的增加,总黄酮含量是先增加后减少。

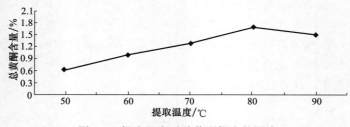

图 4-4　提取温度对总黄酮提取的影响

（2）乙醇提取苦荞麦壳黄酮正交试验结果

乙醇提取苦荞麦壳黄酮正交试验结果见表 4-5,四种因素的影响程度依次为:A＞B＞C＞D,即温度对总黄酮提取影响最大,其次是固液比,再次是乙醇浓度,浸提时间对总黄酮提取影响最小。由此得出最佳方案为 A3B3C3D4。

表 4-5　乙醇提取苦荞麦壳黄酮正交试验结果表

试验序号	A	B	C	D	总黄酮含量/%
1	1	1	1	1	0.71
2	1	2	2	2	0.91
3	1	3	3	3	0.95
4	1	4	4	4	0.86
5	2	1	2	3	0.95
6	2	2	1	4	1.06
7	2	3	4	1	1.13
8	2	4	3	2	1.19

续表

试验序号	A	B	C	D	总黄酮含量/%
9	3	1	3	4	1.17
10	3	2	4	3	1.29
11	3	3	1	2	1.16
12	3	4	2	1	1.25
13	4	1	4	2	1.32
14	4	2	3	1	1.64
15	4	3	2	4	1.79
16	4	4	1	3	1.5
K_1	0.858	1.038	1.107	1.182	
K_2	1.083	1.225	1.225	1.145	
K_3	1.218	1.258	1.237	1.172	
K_4	1.563	1.200	1.150	1.220	
R	0.705	0.220	0.130	0.075	

4.2.3.2 超声波提取苦荞麦壳黄酮试验结果

（1）超声波提取单因素试验结果

① 超声波功率对总黄酮提取的影响

由图4-5可知，超声波功率在750W之前，随着超声波功率的增加，浸提出的总黄酮含量越来越多，当功率超过750W后，浸提出的总黄酮含量逐渐降低。超声波功率大，可以快速增加细胞壁的通透性，加速黄酮类物质的溶出，所以前期总黄酮不断溶出，后期可能是因为超声波功率继续增大使得反应体系内部局部点温度升高，某些组分发生了其他反应，影响了黄酮类物质的溶出。因此，选取750W为最佳超声波功率。

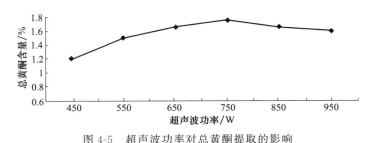

图4-5 超声波功率对总黄酮提取的影响

② 超声波时间对总黄酮提取的影响

由图4-6可知，随着超声波时间的增加，浸提出的总黄酮逐渐增加，当超声波时间大于35min后，浸提出的总黄酮含量开始减少，减少的速度较慢。超声波处理的时间越长，细胞壁的通透性增加得越多，减少了黄酮溶出的阻力，但处理时间过长，内部温度持续增加，使得黄酮类化合物有可能被降解，所以再增加超声波时间，浸提出的总黄酮开始减少。

③ 乙醇浓度对总黄酮提取的影响

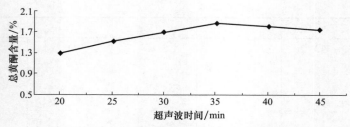

图 4-6　超声波时间对总黄酮提取的影响

由图 4-7 可知，随着乙醇浓度的增加，浸提出的总黄酮也逐渐增加，因为黄酮类物质易溶于乙醇，当乙醇浓度达到 55％时，浸提出的总黄酮含量最多，再增加乙醇的浓度，浸提出的总黄酮越来越少，可能是由于乙醇浓度过高，增加了其他脂溶性物质的溶出，导致溶出的黄酮越来越少。

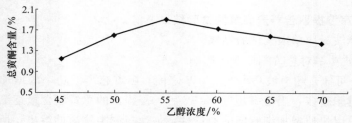

图 4-7　乙醇浓度对总黄酮提取的影响

④ 料液比对总黄酮提取的影响

由图 4-8 可知，随着料液比的增加，浸提出的总黄酮也增加，因为随着料液比增大，溶解于乙醇溶液的黄酮也越来越多，当乙醇溶液的量能够将全部黄酮溶出时，再增加乙醇溶液不会增加提取率，而且过量的乙醇溶液会造成一定的浪费，并且给后续的浓缩造成麻烦，综合考虑，料液比选择 1∶20（g∶mL）为宜。

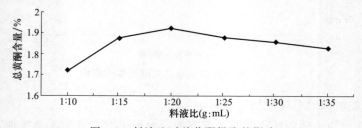

图 4-8　料液比对总黄酮提取的影响

⑤ 溶剂 pH 对总黄酮提取的影响

由图 4-9 可知，随着乙醇溶液 pH 的增加，浸提出的总黄酮含量也越来越多，因为黄酮类成分大多具有酚羟基，所以碱性乙醇溶液有助于黄酮的浸出，当 pH 为8 时，浸出的总黄酮最多，继续增加乙醇溶液的 pH 会使得浸出的黄酮变少，因为在强碱条件下加热会破坏黄酮类化合物的母核，使黄酮类化合物分解。

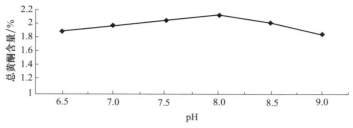

图 4-9　溶剂 pH 对总黄酮提取的影响

⑥ 浸提温度对总黄酮提取的影响

由图 4-10 可知，随着浸提温度的升高，浸提出的总黄酮也逐渐增加，温度增加，物质的分子运动加快，使得黄酮类物质更容易从细胞中转移到溶剂中，当浸提温度达到 45℃时，浸提出的总黄酮含量最多，继续增加浸提的温度，可能导致样品中其他大分子物质结构发生变化，导致黄酮类物质的得率降低。

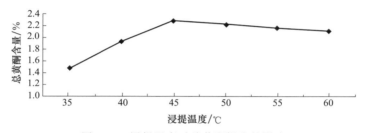

图 4-10　浸提温度对总黄酮提取的影响

⑦ 浸提时间对总黄酮提取的影响

由图 4-11 可知，随着浸提时间的增加，总黄酮浸出也越来越多，因为时间过短，黄酮类物质不能完全溶出，当时间超过 50min 后，总黄酮浸出变化不大，并且稍有减少，可能是由于浸提时间过长，乙醇溶剂中的黄酮已经达到平衡，所以选择最佳浸提时间为 50min。

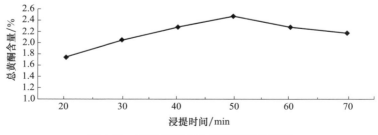

图 4-11　浸提时间对总黄酮提取的影响

（2）超声波提取正交试验结果

　　超声波提取苦荞麦壳黄酮的正交试验结果见表 4-6，五种因素的影响程度依次为：D＞E＞B＞C＞A，即提取温度对总黄酮提取影响最大，其次是提取时间，然后是超声波处理时间，再次是乙醇浓度，超声波功率对总黄酮提取影响最小。最佳方案为 $A_3B_3C_2D_2E_2$。

表 4-6　超声波提取苦荞麦壳黄酮正交试验结果表

试验序号	A	B	C	D	E	总黄酮含量/%
1	1	1	1	1	1	1.95
2	1	2	2	2	2	2.51
3	1	3	3	3	3	2.34
4	1	4	4	4	4	1.89
5	2	1	2	3	4	2.15
6	2	2	1	4	3	2.13
7	2	3	4	1	2	2.37
8	2	4	3	2	1	2.43
9	3	1	3	4	2	2.26
10	3	2	4	3	1	2.13
11	3	3	1	2	4	2.42
12	3	4	2	1	3	2.39
13	4	1	4	2	3	2.17
14	4	2	3	1	4	1.99
15	4	3	2	4	1	2.09
16	4	4	1	3	2	2.39
K_1	2.172	2.132	2.223	2.175	2.150	
K_2	2.270	2.190	2.285	2.382	2.382	
K_3	2.300	2.305	2.255	2.252	2.257	
K_4	2.160	2.275	2.140	2.092	2.112	
R	0.140	0.173	0.145	0.290	0.270	

4.2.3.3　微波提取苦荞麦壳黄酮试验结果

　　（1）微波提取单因素试验结果

　　① 预浸提时间对总黄酮提取的影响

　　由图 4-12 可知，在用微波提取前先将粉碎的苦荞麦壳浸泡于一定浓度的乙醇中（因后文有专门探讨乙醇浓度的单因素实验，因此，此处乙醇浓度未写出来，这

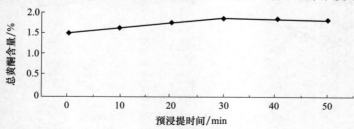

图 4-12　预浸提时间对总黄酮提取的影响

里只是探讨预浸提时间的影响）一段时间，有助于总黄酮的浸出，随着预浸提的时间延长，总黄酮含量逐渐增加，当预浸提时间为 30min 时，总黄酮含量达到最大，继续增加浸提时间，总黄酮含量会减少，可能是由于更多的杂质溶出，所以选择预浸提时间为 30min。

② 微波功率对总黄酮提取的影响

由图 4-13 可知，随着微波功率的增大，浸提出的总黄酮含量越来越多，微波辐射导致细胞内的极性物质，尤其是水分子吸收微波能产生大量热量，使细胞内温度迅速上升，液态水汽化产生的压力将细胞膜和细胞壁冲破，形成微小的孔洞，再进一步加热，细胞内部和细胞壁水分减少，细胞收缩，表面出现裂纹，使得黄酮类物质迅速释放到细胞外。当功率达到 600W 时，浸出总黄酮含量最多，超过 600W 时，总黄酮含量浸出变少，可能因为功率太高，导致升温过高，破坏了黄酮类物质。

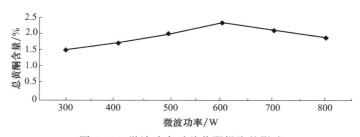

图 4-13　微波功率对总黄酮提取的影响

③ 微波处理时间对总黄酮提取的影响

由图 4-14 可知，随着微波处理时间的增加，浸出的总黄酮越来越多，当微波处理时间达到 15min 时，浸出的总黄酮含量最多，继续增加处理时间会导致黄酮类物质吸收过多的热量，被破坏，使得浸出的总黄酮越来越少。

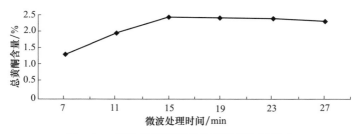

图 4-14　微波处理时间对总黄酮提取的影响

④ 乙醇浓度对总黄酮提取的影响

由图 4-15 可知，随着乙醇浓度的增加，提取出的总黄酮也越来越多，因为黄酮类物质易溶于乙醇，当乙醇浓度超过 40% 后总黄酮不再增加，反而逐渐变少，可能是微波处理会导致乙醇较快地挥发。所以选择 40% 的乙醇为提取剂。

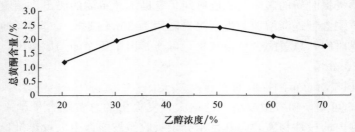

图 4-15　乙醇浓度对总黄酮提取的影响

⑤ 料液比对总黄酮提取的影响

由图 4-16 可知，随着料液比的增加，浸提出的总黄酮越来越多，因为溶剂越多所溶出的黄酮越多，当料液比达到 1∶30（g∶mL）时，总黄酮溶出最多，继续增加料液比则总黄酮含量变少，可能是由于更多的杂质被溶出，溶剂越多，给后续提取步骤增加的难度就越大，所以选择料液比为 1∶30（g∶mL）。

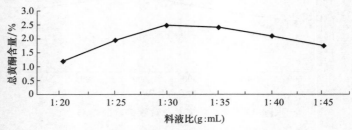

图 4-16　料液比对总黄酮提取的影响

⑥ 提取次数对总黄酮提取的影响

由图 4-17 可知，随着提取次数的增加，提取出的总黄酮也越来越多，比较提取 1 次和提取 4 次，发现增加的总黄酮并不多，考虑到增加提取次数会增加溶剂的用量，以及相关费用，所以提取次数以 1 次为宜。

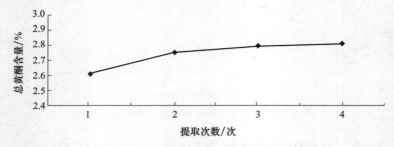

图 4-17　提取次数对总黄酮提取的影响

（2）微波提取正交试验结果

微波提取苦荞麦壳黄酮的正交试验结果见表 4-7，四种因素的影响程度依次为：A＞C＞B＞D，即微波功率对总黄酮提取影响最大，其次是乙醇浓度，再次是微波处理时间，料液比对总黄酮提取影响最小。最佳方案为 $A_2B_2C_2D_2$。

表 4-7　微波提取苦荞麦壳黄酮正交试验结果表

试验序号	A	B	C	D	总黄酮含量/%
1	1	1	1	1	2.06
2	1	2	2	2	2.45
3	1	3	3	3	2.40
4	2	1	2	3	2.51
5	2	2	3	1	2.63
6	2	3	1	2	2.53
7	3	1	3	2	2.31
8	3	2	1	3	2.28
9	3	3	2	1	2.41
K_1	2.303	2.293	2.290	2.367	
K_2	2.557	2.453	2.457	2.430	
K_3	2.333	2.447	2.447	2.397	
R	0.254	0.160	0.167	0.063	

4.2.3.4　大孔树脂纯化苦荞麦壳黄酮

（1）大孔吸附树脂的型号选择

利用大孔树脂对提取的苦荞麦黄酮进行纯化。选择 AB-8、HPD-100、HPD-600、HPD-450、DA-201、NKA-9 这 6 种型号进行对比。

由图 4-18 可知，从吸附率的角度考虑，AB-8 和 DA-201 树脂吸附率比较高，从解吸率角度考虑，HPD-100 和 HPD-600 的解吸率都较低，其他解吸率都较高，综合吸附率和解吸率考虑，选择 DA-21 树脂。

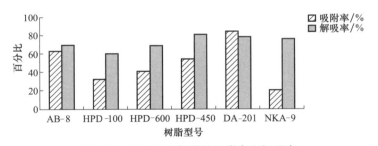

图 4-18　不同型号树脂的吸附率和解吸率

（2）大孔吸附树脂的动态吸附

① 流速对吸附率的影响

由图 4-19 可知，随着流速的增大，吸附率也逐渐变小，流速超过 3mL/min 后吸附率降低得较快，1mL/min 的流速和 3mL/min 相差不大，考虑到生产效率，选择流速为 3mL/min。

② pH 对吸附率的影响

由图 4-20 可知，吸附率随 pH 的增加明显变小，在 pH2.5～4.5 范围内，吸附率变化不大，考虑到酸性太强，溶液中的黄酮会被析出，所以选择 pH4.5 为宜。

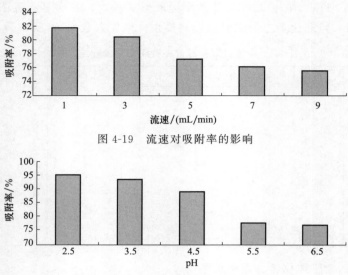

图 4-19　流速对吸附率的影响

图 4-20　pH 对吸附率的影响

③ 上样液的浓度对吸附率的影响

由图 4-21 可知，吸附率随上样液浓度的增加而增加，前期增加的速度较快，后期增加的速度较慢，但上样液浓度过高会导致样品混浊，所以选择 2mg/mL 的上样液浓度为宜。

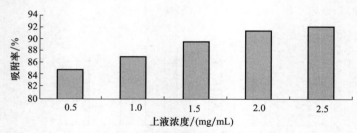

图 4-21　上样液浓度对吸附率的影响

④ 吸附泄露曲线

由图 4-22 可知，随着黄酮提取液的增加，大孔吸附树脂吸附的黄酮由多变少，

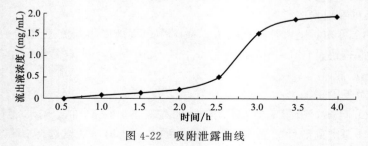

图 4-22　吸附泄露曲线

最后进样时间达 4h 时，树脂的吸附量达到饱和状态，滤液浓度接近上样量浓度 2mg/mL 不再变化。

（3）大孔吸附树脂的动态解吸

① 乙醇浓度对洗脱率的影响

由图 4-23 可知，随着乙醇浓度的增加，洗脱率逐渐增大，当乙醇浓度达到 50％时，洗脱率已经达到 82％，随着乙醇浓度的继续增加，洗脱率增加的速度明显变小，综合考虑回收率及成本，选择 50％乙醇作为洗脱剂为宜。

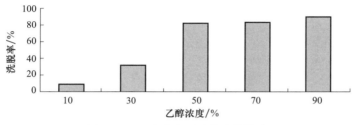

图 4-23　乙醇浓度对洗脱率的影响

② pH 对洗脱率的影响

由图 4-24 可知，随着 pH 的增加，洗脱率先增加后减少，pH 为 8 时，洗脱率达到最大，所以在洗脱的时候将乙醇的 pH 调至 8 进行洗脱为宜。

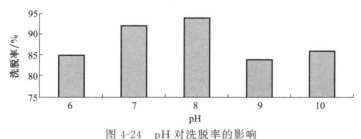

图 4-24　pH 对洗脱率的影响

③ 洗脱速率对洗脱率的影响

由图 4-25 可知，随流速的增大洗脱率逐渐增大，通常选择较大的流速，使得处理量较大，但流速太大，洗脱剂用量也随着增大，所以选择洗脱速率为 3mL/min为宜。

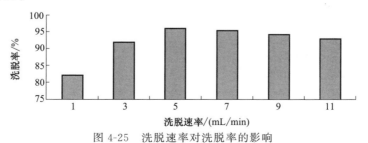

图 4-25　洗脱速率对洗脱率的影响

④ 动态洗脱曲线的绘制

由图 4-26 可知，用体积分数为 50％，pH 为 8 的乙醇进行洗脱，出峰快，高峰相对集中，当洗脱时间大于 1.4h 时黄酮含量明显减少。所以收集 0.5～1.4h 的洗脱液，进行减压浓缩，真空干燥。

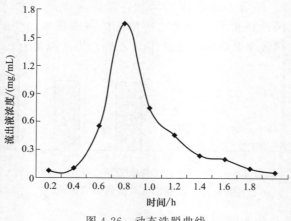

图 4-26　动态洗脱曲线

4.2.4　精制后黄酮测定

精密称取一定量的精制后的苦荞麦黄酮进行含量测定，以纯水为空白，采用分光光度计法进行测定并计算结果，计算得出精制后的苦荞麦总黄酮纯度为 73.8％

4.3　配制型荞麦酒稳定性研究

苦荞麦营养丰富，具有很高的食用价值和药用价值，不同的加工方法对苦荞麦制品中的黄酮物质会产生不同的影响。Zhang 等研究发现焙烤处理使苦荞麦中的类黄酮含量显著降低，且随着温度升高和时间延长，类黄酮不断减少，当在 120℃ 焙烤 40min 时，苦荞麦粉中的类黄酮含量降低 33％，高压蒸汽加热和微波处理同样使类黄酮含量降低（$p < 0.05$）。宫风秋等发现煮制对苦荞麦食品中芦丁含量的影响最小，烙制和油炸对槲皮素的影响较大，且在面团醒发和苦荞麦醋的酿制过程中芦丁会大量转化为槲皮素。Qin 等研究了苦荞麦茶的加工对类黄酮的影响，结果发现浸泡处理会降低芦丁含量，提高槲皮素、山奈酚和总黄酮含量；蒸汽处理 40～60min，槲皮素、异槲皮素、山奈酚和总黄酮的含量显著降低，而芦丁含量则显著升高；而在干燥和焙烤过程中，芦丁和总黄酮的含量都明显下降。总体来说，大多数加工处理都会使苦荞麦中的类黄酮含量降低，应进一步优化工艺或对产品进行类黄酮强化。尽量采用低温煮制的加工方式，少用焙烤和油炸。此外，发酵对苦荞麦类黄酮的组成有较大影响，能使各组分相互转化。

　　针对黄酮不稳定性的特点，结合成品酒在贮存过程中存在的系列问题，本节拟从贮存光照、贮存温度、酒液 pH 值、含糖量、酒精度这 5 个方面来研究成品酒中黄酮最佳稳定性条件。

4.3.1　材料与仪器

4.3.1.1　原料

苦荞麦黄酮提取物；湖工大白酒中试基地生产的基酒。

4.3.1.2　主要仪器

研究所用主要仪器设备如前文 4.2.1 中表 4-1 所示。

4.3.2　研究方法

4.3.2.1　荞麦酒配制

　　量取湖工大白酒中试基地生产出的基酒 100mL，加入 25mg 上述精制得到的苦荞麦黄酮，混合摇匀使之溶解完全，得到荞麦配制酒待用。

4.3.2.2　苦荞麦黄酮稳定性研究

　　（1）黄酮标准曲线的绘制

　　按照本书第 2 章 2.2.2.1 中方法绘制黄酮标准曲线。

　　（2）酒精度对黄酮稳定性的影响

　　考虑到未经蒸馏的发酵酒的酒精度最高不超过 20%（体积分数），因此，将上述配置的荞麦酒分别稀释到以下酒精度（%，体积分数）：0、4、8、12、16、20，室温静置 30min 后，测定初始黄酮含量值，然后每隔 48h 测定黄酮含量，观察其变化。每个因素 3 个平行，下同。

　　（3）糖度对黄酮稳定性的影响

　　在荞麦配制酒中添加葡萄糖，调整样品含糖量分别为 0%、2%、4%、6%、8%、10%，室温静置 2h 后测定黄酮的吸光度值，48h 后再次进行测定，观察不同浓度糖液下光度值的变化。

　　（4）pH 值对黄酮稳定性的影响

　　无酸不成酒，黄酒呈弱酸性，故主要考察不同的酸性 pH 值条件下苦荞麦黄酮的稳定性。调整荞麦配制酒的 pH 值分别为 4.0、4.5、5.0、5.5、6.0、6.5、7.0，定容至 100mL，待溶液静止后，测定其吸光度值，48h 后再次测定各吸光度值。

　　（5）温度对黄酮稳定性的影响

　　将荞麦配制酒分别放置于下列温度条件下（℃）：0、20、30、40、50、60、70、80、90、100，处理 30min，待各试验样品恢复室温后，测定其吸光度值。

　　（6）光照条件对黄酮的影响

　　取棕色瓶与透明瓶若干，分别加入荞麦配制酒各 100mL，棕色瓶置于室内环境条件下，透明瓶分别放置于室外光照条件、室内环境及避光条件下，每隔 48h 测定各吸光度值，观察其变化。

4.3.3 结果与分析

4.3.3.1 黄酮标准曲线

按照本书第 2 章 2.2.2.1 方法，绘制黄酮标准曲线，如图 4-27 所示。

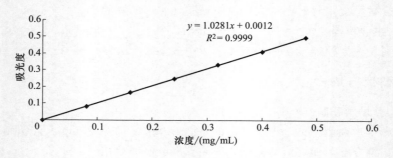

图 4-27 黄酮标准曲线

4.3.3.2 酒精度对苦荞麦黄酮稳定性的影响

由图 4-28 可看出，乙醇对苦荞麦黄酮具有一定的保护作用，这可能是由于黄酮易溶于乙醇的缘故。初始阶段，黄酮的含量均不稳定，而随着时间的推移，含量慢慢趋向平稳。随着乙醇含量的增加，苦荞麦黄酮的保存率增高。当酒精浓度为 12%（体积分数）时，放置 15d 左右时，黄酮保存率为 72%。酒精为 20%（体积分数）时，静置放置 15d 后，保存率稳定在 80%。因此，在苦荞麦酒的酿造过程中，所得的发酵液酒度高，意味着黄酮的保存率亦高，其保健功效才更突出。酒类产品是色、香、味、格相协调的产品，除考虑各方面的因素外，可将酒精度作为发酵的一个重要因素去考察。

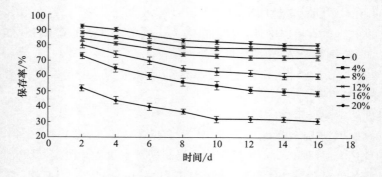

图 4-28 不同酒精度对苦荞麦黄酮保存率的影响

4.3.3.3　糖度对苦荞麦黄酮稳定性的影响

由图 4-29 可以看出，糖类对黄酮类物质具有良好的保护作用。随着葡萄糖含量的增加，苦荞麦黄酮物质的损失率越小。黄酮的保存率与葡萄糖的含量呈现正相关的态势。糖类物质含量越高，可能使得苦荞麦黄酮类物质的溶解性增强，再者糖的加入，使溶液含氧量减少，故黄酮的氧化率下降，保存率相对增加。糖量的多少需在产品的调配过程中，根据具体的酸甜口感来进行调整。

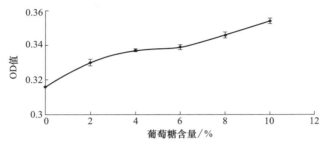

图 4-29　不同糖度对苦荞麦黄酮稳定性的影响

4.3.3.4　pH 值对苦荞麦黄酮稳定性的影响

酒类产品均表现出一定的酸度。考虑到该产品酸度值的合理范围，故选取上述 pH 值进行研究。由图 4-30 可知，当 pH 值在 4.5 以下时，黄酮的保存率低，可能是由于在酸度增强的环境下，黄酮物质结构发生了变化或者产生了某种反应使其分解。随着 pH 值的增大，其保存率出现先缓慢上升继而下降的变化走势，当 pH 值在 4.5 到 5.0 之间时，黄酮物质的保存率相对最高。因此在考虑该产品的酸度设计时，可依此为参考，结合口感，用柠檬酸对成品酒的酸度进行调整。

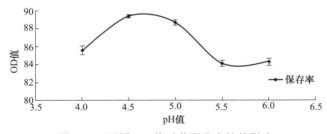

图 4-30　不同 pH 值对黄酮稳定性的影响

4.3.3.5　温度对苦荞麦黄酮稳定性的影响

黄酮类物质具有一定的生物活性，该活性物质对温度较敏感。由图 4-31 可知，随着温度的逐渐增加，黄酮类物质的光度值呈下降趋势，变化比较平缓。70℃后，光度值出现陡然下降趋势，表明温度超过 70℃后，黄酮类物质极度不稳定，可能发生分解作用，导致黄酮含量值下降。因此，在成品酒的贮存过程中，应考虑温度对黄酮类化合物的影响，选择室温条件下放置较适宜。

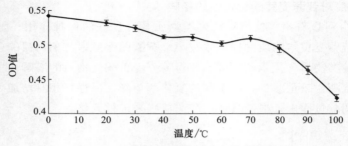

图 4-31   不同温度对黄酮稳定性的影响

4.3.3.6   光照条件对苦荞麦黄酮稳定性的影响

由图 4-32 可知，苦荞麦黄酮类物质对光有一定的敏感性。在室外光照条件下，黄酮类物质的光度值随时间的延长呈现出上升趋势，第 10d 的测定值远高于溶液初始光度值，这可能是由于光照使黄酮类物质发生了分解，生成了某些影响色度的物质。与室内光和暗室条件下相比，室内棕色瓶中黄酮物质的保存率较高，而且相对较稳定，以上结果表明，在产品贮存时应尽量选择避光条件。

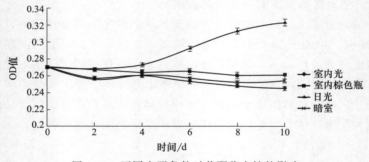

图 4-32   不同光照条件对黄酮稳定性的影响

4.3.4   结论

黄酮类物质是苦荞麦中的主要活性物质，是苦荞麦起保健作用的重要功能物质。由于其物质具有生物活性、稳定性差，因此，本节试验考察了贮存温度、光照条件、酒液 pH 值、糖液含量、酒精浓度对黄酮稳定性的影响。

本节试验得到的主要结论为：荞麦成品酒的适宜储存温度为室温条件，避免阳光直射，酒精度和总糖含量与黄酮含量呈现正相关关系，具体的含量应结合酒液的口感来进行调配。酒液应呈酸性，最适 pH 值在 4.5～5.0 之间，提取时固液比为 1∶25（g∶mL），乙醇浓度为 40%，提取时间为 4～5h，提取温度为 70℃ 为适宜提取条件。

第5章

自动化酿酒技术

5.1 自动化酿酒技术简介

白酒生产是我国的传统产业，历史悠久、底蕴厚重，具有独特的传统工艺流程。但是这种传统的酿酒工艺流程，过程控制更多地依赖于手工操作，劳动强度大，过程粗放，定量化、精细化程度低，这些问题在科技发展的今天表现出越来越大的弊端。如何实现传统工业向现代化工业转变，特别是近年来，随着科技的发展，传统酿造工艺该如何与现代科技成功接轨，成为我们酿酒行业人员越来越关注的实际问题，这也是制约未来酿酒行业发展的瓶颈。

由于传统酿造工艺和设备水平的局限，在过去的相当长一段时间里，酿酒行业中自动化智能化的推广受到一定程度的制约，一直处在缓慢发展的状态。近年来，现代工业现代化的浪潮开始影响到白酒行业。随着科技人员对酿酒工艺的深入研究、酿酒机械化加工水平的提高以及自动化智能化在酿酒技术中的逐步应用，使得白酒生产的传统工艺流程逐步采用了现代工业的技术，减轻了劳动强度，提高了生产效率，降低了生产成本。

笔者在与劲牌酒业进行的长期合作基础上，针对劲牌酒业机械化酿造设备，在传承传统酿造工艺的基础上，创新地对发酵过程控制应用中先进控制算法进行系统软件的组态和二次开发，研发出了苦荞麦酒酿造生产自动化控制系统。本系统采用无线传感器网络技术、上位机控制与现场控制完全分离技术、智能优化控制技术和动态检测技术，开发了手动操作、现场监控、中央远程控制和无线远程监控四级控制体系（可分别独立完成监测控制任务），实现生产流程可视化、报警等管控功能，各工艺段库存信息和过程控制实时监测，对历史数据全方位分析及对产品、消耗、设备使用情况预测，为传统工业向现代化工业转变打下坚实的基础。

5.2 酿酒生产自动化控制系统开发

5.2.1 酿酒过程自动化控制

5.2.1.1 控制系统组成

（1）设计思路

① 系统硬件部分采用目前最可靠的西门子 PLC、工控机以及触摸屏作为控制核心部件，以及基于 PROFIBUS-DP、RS485、工业以太网等现场总线技术构建的分布式控制系统结构；软件部分基于当今先进的工控组态软件——美国国家仪器公司的"LabVIEW"，以及 SIMATIC WinCC 作为西门子触摸屏的人机交互界面开发平台，并结合项目组在发酵过程控制应用中长期积累的先进控制算法进行系统软件的组态和二次开发，控制软件能完全适合原酒发酵工艺要求。控制模块加入了固态发酵过程专家智能控制子系统，支持用户进行原酒发酵的智能控制与优化。

② 所有仪器仪表、PLC、工控机、触摸屏及控制阀门、变频器均采用外资企业或国内知名厂家产品。高清液晶显示屏的图标文字清晰，可靠性高；PROFIBUS 现场总线和 RS485 数据通信不仅提高了数据传输的精度和抗干扰能力，而且布线少，容易维护。所有自控部分均有手动操作开关，可以进行人工干预切换，部分区域提供声光报警及自动切断，利于操作人员第一时间发现问题并进行处理，保证在任何情况下系统的可靠性。

③ 系统结构紧凑，元器件配置合理，总体价格相对较低。由于采用集散和现场总线相结合技术，仪表通过 RS485（或其他通信方式）与 PLC 和触摸屏、工控机进行通信，可大量节省导线的费用。

④ 本系统采用四层结构：分别为就地手动控制、现场控制站触摸屏自动控制、中央控制室监控和远程无线监控。底层的传感器与控制阀门可通过 PROFIBUS-DP 总线方式和 PLC 进行通信联络，因此容易进行系统扩展。远程用户只需通过上位机界面以及互联网技术，即可实现对整个系统远程监控，控制系统组态功能齐全、灵敏，控制方案便于调整，可灵活地适应工艺改造的需要，组态软件的命令语言便于用户扩展新的控制算法。采用高分辨率的大型彩色液晶显示器，显示内容由工控机给出，便于修改显示内容，便于安装，不需要增加投资即可增添新的显示内容。

⑤ 采用集散控制和现场总线技术的分布式递阶结构。底层传感器与智能仪表和 PLC 间、PLC 和触摸屏间以及 PLC 与工控机间均采用二芯和三芯电缆连接，简化了系统结构，并可随时更换，不影响生产。系统具有软硬件自诊断功能，故障查找与维修的工作量少，便于维护。

（2）系统简介

控制系统分为管理级、监控级。根据原酒发酵生产工艺的特点，结合一般的

CIPS 和 CIMS 结构模式，将控制系统模型分为四层：就地手动控制层、现场自动化控制层、中央控制层和远程监控层；通过控制软件实现工控机的控制功能。

① 就地手动控制层

由就地控制箱上的启动、停止按钮控制或由安装在低压配电柜上的自动、手动转换开关控制各种方式。

② 现场自动化控制层

现场信号由各类传感器采集，并通过变送器或智能仪表变换信号后送至 PLC 及触摸屏处理，实现对现场工段工艺参数的采集、控制和事故报警，并设有手动干预功能。PLC 根据检测的生产工艺参数来显示并控制阀门等，触摸屏可实时显示现场测控参数，并进行参数设定、设备启停等操作。通过设定 PLC 中参数可利用蜂鸣器等外设装置，提供声光超限报警，并对一些危险的操作系统提供连锁保护。各 PLC 执行自己的控制程序，处理现场 I/O 数据和信号，在与中控室脱机或通讯总线出现故障时，各分站能独立地利用分站 PLC 进行自动控制。

③ 中央控制层

中央控制层采用 PROFIBUS-DP 现场总线和 RS485 总线与各现场的 PLC 相连，也可通过光纤或局域网接收并存储生产现场的测控参数，作为工艺分析和产品品质评价的依据，通过大屏幕液晶显示器实时显示工艺参数和生产线画面，便于技术人员分析数据，掌握车间动态，商议对策。中央控制室的工控机接入互联网，可供有权限的人异地查看，也可通过系统内置的 GSM 模块和手机通信。

④ 远程监控层

本系统全面支持互联网技术和 GSM 无线模块，提供 PC 和手机两种方式进行异地远程监控。系统将用户程序完全发布到互联网，无论管理人员在全球任何地方，只要使用 PC 或手机接入互联网，在浏览器的地址栏中，输入服务器的 IP 地址，通过口令及安全证书验证后即可实现异地远程监控。并且系统内置 GSM 无线模块，管理人员不仅可以通过手机短信的方式查询当前系统参数，如各个温度、液位、压力等实时数值，还可以发送控制指令＋设备名称来启动或停止目标设备。

5.2.1.2　系统控制方案

根据原酒酿造工艺要求，设置就地手动控制层、现场控制层、中央控制室和远程无线监控层，又将现场控制层分为四个控制站，分别为泡粮区控制站、蒸粮区控制站、发酵区控制站和蒸馏区控制站。技术开发内容主要包括以下内容。

（1）原酒酿造系统的自动控制，具体包括：泡浸粮槽部分的水流量、水温、液位以及进水阀门的控制与检测；粮甑部分的进蒸汽（筛上、筛下）、排汽、排水、闷粮进水、甑内压力和温度及其执行机构的控制与检测；摊晾机的网带输送机、搅拌机、风机、料位开关、铂电阻 Pt100 的控制与检测；冷糟机部分的摊晾输送机、风机、热电阻、搅拌机的控制与检测；风冷机部分的板链输送机、风机、热电阻、搅拌机的控制与检测；发酵室的二氧化碳与温度的控制与检测；酒甑部分翻转电机、皮带输送机、热电阻、布料机、谷壳添加机、出料螺旋输送机等的控制与检测以及生产线中多个板链输送机等设备的控制。

（2）工艺过程中关键控制变量的智能控制策略及优化（如粮甑的温度和压力控制等），从而达到要求的控制实时性与控制精度，所有工艺段的现场控制具有最高优先级，并彻底消除时滞现象。

（3）原酒酿造车间的视频监控系统的设计，从而实现从浸粮、输送、蒸煮、物料输送、摊晾、加曲、发酵、蒸酒整个酿造过程中关键工艺段的现场视频监控。

① 控制系统硬件

各工艺控制系统硬件由西门子 S7-300PLC 及工控机、触摸屏作为核心控制部件，在相应监测点设置各类传感器采集温度、流量、液位、压力等信息，各控制点安装阀门、电机作为执行器件。系统设手动、自动切换功能，可根据不同需要选择工作方式。

② 控制系统软件

采用当今先进的工控组态软件——"LabVIEW"和触摸屏组态软件——"WINCC"。结合我校在发酵过程控制应用中长期积累的先进控制算法和人工智能控制算法进行系统软件的组态和二次开发。软件可操作性强，并为将来升级留有接口。

a. 工控组态软件——"LabVIEW"

美国国家仪器公司的"LabVIEW"已成为全球同类产品中市场占有率第一、最具知名度的品牌，它是以通用计算机为核心的硬件平台，由用户设计定义，具有虚拟前面板、测试功能，由测试软件实现，利用计算机的强大资源使本来需要硬件实现的技术软件化，以便最大限度地降低系统成本，增强系统功能与灵活性。

b. 触摸屏组态软件——"WINCC"

系统选用西门子触摸屏，故采用 SIMATIC WinCC 作为人机交互界面的开发平台。SIMATIC WinCC 是第一个使用最新的 32 位技术的过程监视系统，具有良好的开放性和灵活性。从面市伊始，SIMATIC WinCC 就令用户印象深刻。一方面，是其高水平的创新，它使用户在早期就认识到即将到来的发展趋势并予以实现；另一方面，是其基于标准的长期产品策略，可确保用户的投资利益。

5.2.1.3 系统控制方法

控制系统由西门子工控机、西门子 S7-300PLC、触摸屏、智能仪表、各类传感器和执行阀门、电机、变频器等组成，系统运行时，传感器采集温度、料位等信息；压力传感器采集管道压缩空气压力、出料口压力等参数；上位机通过 CP5612 卡和 RS-485 串口分别采集 PLC 和智能仪表中的数据，对数据进行处理后将结果实时地显示在人机操作界面，并将数据存于后台的数据库中，完成对阀门开关情况、料液各参数变化走势等统计分析、绘制图表等工作，用户根据发酵工艺需要预设控制任务和阀门开启优先级，实现对现场工段工艺参数的采集和事故报警，以及对阀门、电机等执行器的控制，并可实现自动、手动互相切换。

（1）泡粮

泡粮区控制过程主要包括进水和泡粮；主要控制点是闷粮水进水阀与排水阀，其中进水阀与泡粮水罐处的泡粮水泵联动；主要监测点是泡粮水的温度、流量以及每个浸粮槽的液位，监测数值在上位机和现场显示，同时可以在上位机与显示仪表上设置泡粮水温度和流量阈值。

整个泡粮区控制流程图如图 5-1 所示。

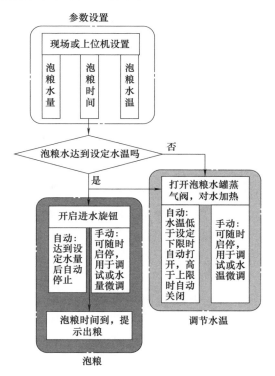

图 5-1　泡粮区控制流程图

① 进水　系统对加水过程设自动加水和手动加水，自动加水只需在上位机或现场流量显示仪表设定泡粮用水量后，点击启动，系统通过安装在水母管上的流量计自动累计加水量，达到设定值后自动停止。手动加水主要用于在前期调试或需要少量补水时。

② 泡粮　系统根据泡粮水罐内水的温度及设定的泡粮温度，判断是否需要打开蒸汽阀对泡粮水进行加热。根据设定的泡粮水温、时间进入泡粮过程。泡粮过程中，达到泡粮设定时间后，泡粮过程结束，提示现场人员进行出料操作。

控制过程中温度信号采用智能仪表采集后通过 RS485 总线，连接全厂的采用 RS485 总线通信的仪表后，将信号直接送入上位机，其他信号采集通过仪表变送后送到 PLC 的模拟量输入端，PLC 端的每个信号输入点采用光耦隔离模块，保证信号的稳定性和精度。

（2）蒸粮

① 系统提供语音提示，在泡粮槽出料时提示现场操作人员手动完成粮甑的进料操作。

② 进料过程结束时，现场操作人员点击进料完成按钮，系统自动进入排水过程。

③ 当排水完成后，在现场或者上位机设定压力和保压时间，系统对蒸煮过程实现自动控制，自动开启蒸汽阀，关闭排水阀，提升粮甑内压力、温度达到设定值，进入保压过程，过程中粮甑内处于自然状态，保压时间达到设定值后，系统开启排气阀排压为零。

④ 进入加水闷粮阶段，自动打开闷粮进水阀，通过流量计自动累计加水量，水量达到设定值后，系统进入二次排水请求状态。系统语音提示操作人员进行排水操作，结束后进入复蒸过程，流程同③。

⑤ 复蒸完成后，系统自动打开排水阀，时间达到设定值后自动打开排气阀，同时关闭排水阀。罐内恢复常压后，语音提示操作人员进行出甑操作。

⑥ 现场显示锅炉的分气缸压力。分气缸压力过低将无法启动升温过程。如果分气缸压力过高并且粮甑加热蒸汽管道压力过高，将会触发连锁保护停机。

⑦ 蒸粮完成后，进入摊晾环节。每条生产线有四台摊晾机，对应八台糖化机。系统先需设定入糖化箱温度、加曲机速率值以及物料去向，然后进入进料请求状态。

⑧ 进料时进入降温过程，在整个降温过程中，系统会根据物料的实际温度以及设定的温度，自动控制风机开启台数或风机频率。温度过高将增加风机开启台数或提高风机频率，温度低于设定温度将降低风机频率。过程中如果风机数量不足以完成降温过程，或者风机、网带机、加曲机发生故障，将触发停机，并改为手动控制。

⑨ 物料经摊晾机降温后进入加曲搅拌机，搅拌机速率恒定，加曲机速率与物料厚度成比例手动调节。风机和加曲机均采用变频控制。经过加曲搅拌机后，经过汇集输送带去往对应的八台糖化机中的一台。系统根据选择的物料去向，自动打开对应的插板阀，将物料装入对应的糖化机中。

该区域设备都可以进行自动控制和手动控制。由于一些设备必须进行手动操作，不可能实现一键自动控制现场所有的设备，所以，设置了多个自动控制键，每个控制一部分设备。这些键包括：自动初蒸键、自动闷粮键、自动复蒸键、自动传送控制键。其中自动初蒸键主要控制第一次排水，进蒸汽，保压，泄压；自动闷粮键主要控制进闷粮水，排闷粮水；自动复蒸键主要控制第二次进蒸汽，保压，泄压，提示出粮；自动传送控制键主要控制接粮斗网带输送机，1～4号板链机、摊晾机、加曲机、加曲螺旋输送机、5号板链输送机。整个自动传送部分有一个急停按钮，控制所有传送部分的设备，当自动启动时，先启动流水线最后端的设备，再向前逐个启动。摊晾机入口处料斗中有料位开关，如果达到高料位，前面的接粮斗网带输送机与 1～4 号相应的板链机停止，当回到低料位时，它们重新启动。所有粮甑的压力和温度在现场和上位机显示和设置阈值。该区域控制流程示意如图 5-2 所示。

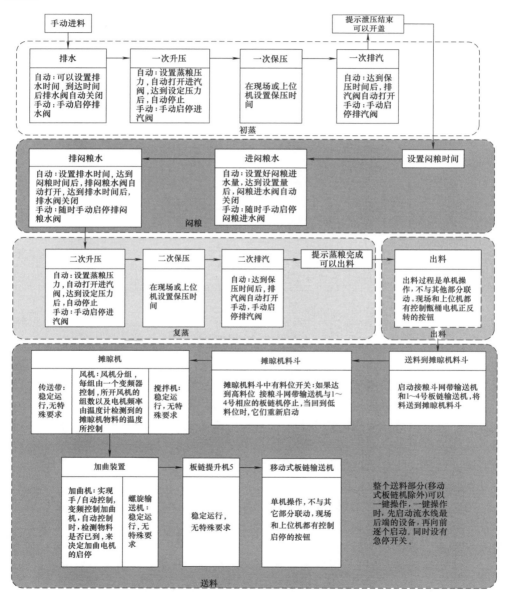

图 5-2　蒸粮区控制系统流程示意

（3）发酵区

① 物料进入发酵槽车后，系统进入发酵过程，同时开始绘制温度曲线，并且与标准曲线进行对比，如果偏离过大，则触发偏离报警。

② 发酵时间达到设定值后，发酵过程结束。系统利用物联网技术对发酵室内二氧化碳气体浓度和发酵室内的温度进行监测，并根据设定二氧化碳气体的浓度值控制换气设备的启停。

控制流程示意如图 5-3 所示。

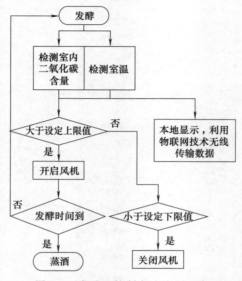

图 5-3　发酵区控制方法流程示意

（4）水罐区

水罐区主要包括闷粮水罐、泡粮水罐和清洁水罐。

闷粮水罐：包括的控制点有进水阀、排水阀、排水泵、蒸汽阀，检测点包括液位检测、温度检测。当液位高于上限进水阀门自动关闭，低于下限自动开启；实际温度高于温度上限自动关闭蒸汽阀，低于温度下限自动打开蒸汽阀；排水阀和排水泵联动；所有设备在上位机及现场都可手动开/关。

泡粮水罐：与闷粮水罐一样。

清洁水罐：包括的控制点有进水阀、排水阀、排水泵，检测点包括液位检测。当液位高于上限，排水阀门自动关闭，低于下限自动关闭；排水阀和排水泵联动；所有设备在上位机及现场都可手动开/关。

三个水罐的进水阀只能有一个打开，当泡粮和闷粮进水阀有一个打开时，清洁进水阀关闭；当泡粮和闷粮进水阀都关闭时，清洁进水阀打开。

5.2.1.4　创新点及特色

（1）手机短信监控

系统内置 GSM 无线模块，管理人员不仅可以通过手机短信的方式查询当前系统参数，如温度、液位、压力等实时数值，还可以发送控制指令＋设备名称来启动或停止目标设备。当系统运行发生故障时，如温度偏离控制要求、蒸汽气压不足等，GSM 无线模块能将故障信息发短信通知班组和车间负责人，使信息能及时反馈，操作人员及时作出决策，安全可靠。

（2）互联网远程监控

本系统全面支持互联网技术，将用户程序完全发布到互联网，无论管理人员在全球任何地方，只要使用 PC 接入互联网，在浏览器的地址栏中，输入服务器的 IP 地址，通过口令及安全证书验证后即可实现异地远程监控。

（3）无线传感器网络技术

在泡粮区和发酵区，采用无线传感器网络技术，通过安装发、收模块，实现温度等重要参数的智能仪表和 LED 屏双显示，使重要参数一目了然。特别是对于发酵槽车，由于入槽、出槽时槽车需输送物料，处于移动状态，不利于接线，运用无线传感器网络技术，可实现无线数据采集以及数据显示。LED 屏显示能使现场操作人员对于整个车间的参数和状态一目了然，方便快捷，美观实用。该方案具有造价低廉、施工快捷、运行可靠、维护简单等优点。

（4）上位机控制与现场控制完全分离技术

由于上位机控制系统相对于现场控制系统稳定性要稍差一些，为了保证系统具有足够的可靠性，本系统采取将两者完全脱离的做法，当上位机一旦出现故障时，仍可以在现场控制整个系统，并可以在现场实现所有上位机的功能。

（5）智能控制

本系统采用先进的预测控制、模糊控制等人工智能算法，在保证原酒达到工艺要求的情况下，通过控制算法降低执行机构在温控临界点、液位临界点的频繁动作，避免系统激烈震荡，有效克服系统不稳定和执行机构频繁动作而致使其使用寿命缩短的问题。

（6）发酵工艺优化的研究

在实现白酒发酵自动控制的基础上，根据数据库采集的信息，经过分析优化白酒酿造工艺，初步建立了白酒发酵过程动力学模型。通过深入研究发酵过程中酵母、底物组成、氧气含量、温度以及 pH 等多因素成分对白酒发酵的影响，获得关键的控制因素，从而建立最优的发酵模型，并结合先进的智能优化控制策略，使得白酒的品质达到最佳，提高批次稳定性。

（7）高度自控性

本系统中现场控制层和中央控制室均可实现自动控制。各个现场控制站之间实现数据共享，利用语音提示等功能，使现场操作人员能及时准确地完成参数设定、设备启停等任务，无需中央控制室指挥操作，体现本系统的高度自控性。现场控制站的所有数据通过 PROFIBUS-DP 和 RS485 总线传输到中央控制室，中央控制室也可实现自动控制功能。现场控制站级别优先于中央控制室，利于现场操作人员第一时间对设备故障或者异常状态等采取措施，提高系统的安全性。

（8）动态检测

利用目前先进的 ProE、Photoshop、Flash 等专业制图软件，设计绘制设备三维图形，将 PLC 采集的各主要非控制生产设备（如加曲机、皮带输送机等）实际运行信号转化为三维动画显示，形象逼真，用户可通过控制室计算机界面全方位实时了解整个原酒酿造过程运行状态。本系统运行状态所需监测点如表 5-1 所示。

表 5-1　本系统运行状态所需监测点

序号	名　称	序号	名　称
1	浸粮槽	8	箱床
2	粮甑	9	分料斗
3	接粮斗网带输送机	10	酒甑
4	皮带机	11	糟定粮料斗
5	摊晾机	12	冷糟机
6	加曲机	13	风冷机
7	螺旋输送机		

5.2.2　白酒勾调自动化与信息化控制

5.2.2.1　系统概述

本系统要实现调配区基酒勾兑控制的自动化与信息化，陈酿区原酒、成品酒储存管理的信息化。调配区的控制必须设有自动运行与手动运行等模式方便操作人员灵活控制，各模式均能准确记录过程信息，并能追溯；陈酿区的控制系统可以记录各酒罐内酒体的详细信息，包括酒体基本信息、质量信息、配方信息、工艺过程信息及陈酿期到期的自动提醒。调配区与陈酿区记录的酒体数据信息均存储于数据库中并可与其他工业平台进行数据共享，可根据需要建立查询报表并能导出打印。另现场设立就地防爆控制柜（或防爆控制柜），可独立于 PLC 系统对阀门、酒泵进行控制。

5.2.2.2　设计原则与目标

（1）年勾兑能力大于 10 万吨。

（2）全系统符合国家食品行业规范。

（3）采用可靠、先进的现场总线技术。

（4）充分体现经济性、实用性。

（5）最大可能利用企业现有资源。

（6）模块化设计，为系统进一步扩建预留接口。

（7）大大提高勾兑精度，一次勾兑成功率达 98% 以上。

（8）实时动态流程显示，面向用户的操作界面。

（9）强大的功能和简单的操作模式，并提供可靠的各类保护功能。

（10）向用户提供完整的管理功能和数据报表。

（11）提供灵活有效的报警功能和报警方式。

（12）实用的酒库管理系统为管理层决策提供完整的解决方案。

（13）系统投运后能实现"少人值守，生产过程全自动"的功能要求。

5.2.2.3　系统说明

（1）系统简介

见本节 5.2.2.1 系统概述。

PLC 选用西门子的 S7-400H 冗余系统，从站选用 ET200M 系列产品，主站与从站之间通过 Profibus-DP 通讯。

勾兑控制室放置两台工控机，一台操作员站，一台工程师站（兼操作员站）。

勾兑控制室放置一台 A4 打印机。

勾兑控制室内放置 3 个操作台。

为了便于现场操作，现场放置 4 块 12 英寸（1 英寸＝2.54cm）触摸屏，调配区一块，陈酿区（第 1、2、3、4 排）一块，陈酿区（第 5、6、7、8 排）一块，包装车间高位罐区 1 块，均选用西门子品牌。

现场放置 4 个防爆操作箱，用于手动控制气动阀，每个阀单独控制，每组设置一个急停开关，每个柜子设置一个就地/远程选择开关。

（2）系统网络

系统网络示意如图 5-4 所示。

5.2.2.4　控制系统功能说明

（1）系统网络

工艺显示：系统中各个监控画面做到简洁美观，操作便、安全，避免误操作的出现。

单元状态：在主流程图界面上可以完整显示整个调配区工艺流程。流程图上动态模拟显示整个系统各个环节的实时状态，如各罐体的液位数据（高度、重量、体积）、阀门开关状态、酒泵远程/就地状态、酒泵运行/停止状态。管道连接，酒泵以精美 3D 图动态显示。

信息显示：在功能界面实时显示酒泵/酒罐联动状态（高、低限联动）、酒罐中酒体信息数据（如酒体名称、酒龄、级别、陈酿天数、操作员等）、调配工艺信息记录（如调配酒品名称、数量、各配方的调配信息）。

（2）参数设置

液位设置：调配区、陈酿区所有酒罐的液位设有上上限、上限、下限、下下限，液位上、下限均可以在现场触摸屏和上位机上进行设置，各液位均设有缓冲区，针对低限、高限设有解除功能，达到限位液位后均有提醒报警。各酒罐液位联动相应酒泵，当酒罐达到报警液位时，相应酒泵停止工作。

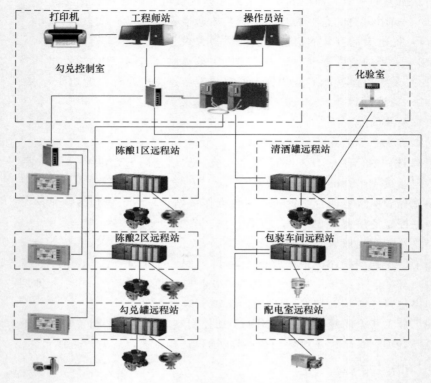

图 5-4　系统网络示意图

批量功能：①根据各调配酒品配方，可分别设置纯水、调配酒精、原酒等原料的批量，实现定量调配。②在原酒粗滤、半成品精滤过程中实现批量过滤功能。③在清酒外发过程亦可实现批量发酒。

压变校准：压变在使用过程中，会出现数据零点漂移现象，系统需专门设有压变调整功能，通过设定值对漂移数据进行补偿。

（3）控制功能

① 酒泵、阀门控制

酒泵、阀门分两种控制模式，当处于就地状态时由现场的开关按钮控制；当处于远程状态时由上位机根据工艺需要进行控制，当远程控制时先选择酒泵然后选择其对应的源罐、目标罐对其锁定，酒泵即可受源罐、目标罐的液位联锁保护以及受批量控制。阀门可单独开启，或锁定后与酒泵联动控制。

② 调配控制

调配控制设有手动运行（软手动）、自动运行、步进运行三种运行模式方便操作人员灵活控制。手动运行（软手动）时，可独立控制勾兑区阀门、酒泵的开关动作；自动运行时，系统根据设定好的配方按工艺步骤自动完成整个调配流程；步进运行时，系统根据操作员指令逐步完成调配工艺。三种运行模式，系统均可以记录各个工艺环节的信息如：酒体名称、批号、操作员、酒龄、级别、纯水的用量、配方数据、气混时间、调配完成时间等信息数据。

调配时实行配方调配，配方界面包括原酒罐信息、勾兑罐信息、配方勾兑（配方数据及执行设备）、输送及计量等相关设备，通过该界面既可以监控配方运行状况，又可以执行配方管理功能。配方执行只需要调入已录入的配方数据，单击下载，数据自动传输至配方勾兑画面。打开权限按钮之后，单击执行按钮，这时系统会判断目标罐余量是否满足配方总量要求，如果满足，则输送泵会自动按配方要求定量输送原料到目标勾兑罐，直至整个配方执行完毕，否则，系统将拒绝任何操作。在配方执行过程中，如需切换另外一个配方，则将现行配方停止、上载保存，当重新下载后，系统会自动按上次保存结果继续执行，直至配方完毕。

配方执行完毕后要发出提醒，提醒下一步添加活性炭，然后是气混，气混完成后进入静置 24h，时间到后整个调配流程完成。

调配完毕后发出提醒；然后设定需要转入的原酒暂存罐及转酒泵，系统自动开始转酒，转酒完成后发出提醒，并实现酒体信息的转移（将调配信息转移至酒体所在的对应暂存罐中）至此完成调配工艺。整个工艺的过程数据将存储于系统数据库中，形成报表格式方便随时调取查询。

③ 储酒控制

上述调配工序完成后，经过 24h 静置，经过手动粗滤后进入陈酿区酒罐，开始半成品酒的储存管理。可以设定需要存储的时间，到期后系统自动提醒。在手动粗滤时，系统记录硅藻土使用量、处理日期及操作员等信息，并自动生成一个粗滤工序的批记录表单。

在原酒、半成品酒（粗滤后）进入陈酿区酒罐中时，开始其储酒管理。记录酒体数据有：酒体名称、酒体来源、存放时间、操作员、批次号、质量信息（酒度、总酸、总酯、色谱骨架成分、功能成品含量等）等信息。系统根据设定时间到期自动提醒。

在陈酿区的酒体（原酒、半成品酒等）进行转酒时，必须要记录转酒过程。去向路径，来源罐的酒体信息能自动生成到去向罐，并保存。

④ 精滤控制

精滤操作要实现手动与自动两种运行模式，正常精滤模式与打循环模式分开控制。

打循环模式中相关管道设置手动阀和气动阀，通过控制气动阀和泵来实现自动打循环，打循环控制界面可进行循环时间信息的输入，以实现自动进行打循环，时间完成后自动停止，并记录过程相关信息。

正常精滤模式可分为定量精滤和非定量精滤，当定量精滤时，只需要选定来源罐、目标罐和输送量，余下的工作完全由控制系统自动完成，自动开启相应气动阀门和输送泵，当达到设定输送量时，自动关闭相应设备，并记录过程相关信息；当需要设置多个接受罐时，控制界面可以设置接受罐的先后秩序，每完成一个接受罐的精滤工作，能自动切换至另一个接受罐的精滤工作，直至完成设定后的所有接受罐的精滤工作，并记录过程相关信息。

当进行非定量精滤时，操作人员不需要选择输送量，由操作人员根据现场实际情况进行干预，非定量输送时系统也会自动记录相应的各种信息。打循环操作和正常精滤操作完成后，相关过程记录数据可以形成精滤工段的记录表单，即精滤工段的批记录。

⑤ 总批记录的形成

调配、粗滤（手动）、陈酿、精滤（手动）四个工段均需生产各自单独的表单，即工段批记录，当精滤完成进入陈酿罐后开始陈酿环节，此时相当于一个产品勾兑调配完成，须生成一个产品的批记录表，此批记录表必须包含该批酒体的所有信息。调配控制、储酒控制、精滤控制的数据信息均存储于数据库中并可与其他工业平台共享数据，可根据需要建立查询报表，导出并打印。

⑥ 发酒控制

发酒是指初滤后的半成品陈酿到期后经过精滤后打到勾兑车间清酒罐，然后通过酒泵并设置打酒量自动打入包装车间清酒罐（高位罐）。发酒过程须实现自动控制，发酒前确认包装车间接受罐的罐号及相关管阀的开启情况，然后确认好勾兑车间清酒罐罐号及相关管阀的开启情况，然后进入发酒控制界面输入相关数据进行定量发酒，并记录过程的相关数据信息并自动保存。此过程记录生成发酒工段记录。此数据存储于数据库中并可与其他工业平台共享数据，可根据需要建立查询报表，导出并打印。

包装车间高位罐装有液位开关，在发酒过程中，酒液触动液位开关，液位开关给勾兑车间发酒系统传输信号，发酒的相关酒泵、气动阀门自动停止发酒，并记录过程相关数据信息。

⑦ 防串酒相关保护

在配方输入时，要求提供多种配方可以同时执行的功能，并提供尽可能多的保护。在输入配方时如果超过调配罐的实际可用容量，系统将拒绝任何操作，另外，在输入原料（主要指纯水、酒精、原酒、半成品酒）相关信息时，系统能正确识别明显的错误，发现错误时须发出提醒，必要时拒绝任何的下一步操作。

系统在运行的过程中，所有阀门和设备的状态系统将不断巡检，如果发生异常，将向操作人员发出报警信号，遇到严重故障，系统将停止运行，关闭所有阀门和设备直至故障排除。

为避免误操作造成误开阀门引起串酒，通过软件和硬件设置，勾兑时，同一原料酒液管线上每次只能同时开启一个罐的阀门，一条勾兑管道对应的调配罐每次只能同时开启其中一台酒罐的进酒气动阀。

（4）报表功能

① 批记录报表

每批调配的酒均有一个唯一批号，每个批号记录着这个酒体的所有信息：名称、批号、操作员、酒龄、级别、调配开始时间（自动读取）、调配酒精的量、纯水的量、配方数据、气混时间、调配完成时间（自动读取）、原酒暂存罐号、暂存开始时间、暂存结束时间、硅藻土开始处理时间、结束处理时间、硅藻土用量（分次进行、多批）、精滤罐号、精滤开始时间、结束时间、精滤的量等。数据信息可根据需要按批次和时间进行检索形成报表，可导出并打印。

此报表记录整个工艺过程的所有信息，做到每批次酒体信息的可追溯性。

② 工段报表

根据每个批次的调配批号可以连接到各个工段的记录报表，包括调配工段、粗滤工段、陈酿工段、精滤工段，每个工段有各自单独的记录，并与调配批号相对应，相关信息具备检索和查询功能，并可导出 Excel 并打印。

③ 储存报表

主要包括原酒和半成品酒的储存，原酒和半成品酒须具备各自唯一的储存批号，在酒罐的酒液转移时，此储存批号需能自动导入到接受罐；另外，在一个批次酒液未全部用完需要进行进酒时，需要生产新的储存批号，但必须要记录原先批次酒体的相关信息，包括余量等。此报表可检索查询相关信息数据，可导出 Excel 并打印。

④ 转酒报表

主要包括陈酿区所有酒罐内酒体发生转移时的路径记录及来源罐、接受罐酒体相关信息的记录，相关转酒信息汇总生成转酒报表，此报表可检索查询相关信息数据，可导出 Excel 并打印。

⑤ 酒罐信息报表

查询当前各罐中酒体的数量、酒体名称、工艺阶段等信息，可导出 Excel 并打印。

⑥ 主要设备运行数据库

自动记录主要设备的各种运行数据（开启时间、关闭时间、运行时间）。

⑦ 工程师站和勾兑站操作人员管理数据库

自动记录工程师站和勾兑站操作人员登陆控制系统的时间及主要操作。

5.2.2.5　趋势曲线

可以根据工艺要求，制作趋势图，查看实时和历史数据，流量计的质量流量、温度、密度等，罐体的液位高度、质量、体积等。

5.2.2.6　报警

在中控画面和现场触摸屏上有报警界面，自动记录设备的故障、报警信息，在画面上以醒目的方式显示。以下是一些关键报警记录：

各酒罐罐液位达到设定上限，提供声光报警，并改变液位显示界面该栏的颜色

（或闪烁）以提醒操作者注意；

酒罐变为空罐时，区别于其他酒罐的特定颜色显示；

酒罐进酒气动阀开启，而酒罐液位在一定时间内未能增加（防串酒、漏酒）；

酒罐进酒气动阀未开启，而酒罐液位却在增加（防串酒、漏酒）。

5.2.2.7 权限管理

按照级别划分为管理员、工程师、操作员三个级别组，根据用户的需求，分别设置不同的操作权限。例如：操作员允许操作所有设备（酒泵、气动阀等）；工程师只允许修改画面属性，不允许操作设备；管理员可以下达配方、修改仪表的关键参数等。

5.3 自动化酿造生产线开发

随着我国工业机械化的不断进步以及白酒行业装备水平的不断提升，现阶段我国名优白酒骨干企业基本在原辅料的贮存、加工过程实现了机械化，有的企业实现了智能化操作。在包装工艺方面更是发展迅速，机械化、自动化程度不断提升，有的企业达到了医药、无菌饮料等行业的灌装水平。近年来，又有企业在成品酒仓储方面实现了智能化管理，机械化程度达到了国际先进水平。早在 20 世纪 80 年代初期，五粮液集团率先开发了计算机勾调技术。但是也不难看出，这些技术的进步和机械化、自动化、智能化水平的提升多数是引进医药、饮料、啤酒等相关行业的技术。白酒行业在上述方面的自主创新技术还相对较少，制曲、酿造设备、酿造工艺、蒸馏工艺等方面的机械化程度依然处在一个较低水平，有的部分实现了机械化，但是整体机械化水平相对来说仍然很低，大多数还是停留在对 20 世纪白酒机械化设备改进的思路上。

中国传统白酒必须融入现代科技才是其发展的必由之路，近年来，中国白酒的科学技术进步正处在前所未有的发展阶段。中国传统白酒改变生产方式已经迫在眉睫。依托固态白酒传统酿造工艺，结合现代设备和技术手段，不断改进工艺操作，研发和改进机械化酿酒设备，使机械化设备最大限度满足工艺要求，缓解近年来白酒行业面临的劳动力成本不断攀升、生产环境要求更加严格以及能源消耗的形势愈来愈严重等问题。通过对酿酒机械化的研究，实现以下几点目的：①掌握固态白酒传统手工操作向机械化操作的转型特点；②通过实现酿酒机械化达到稳定产量、提高质量及降低人工成本等目的；③增强企业酿酒科技的自主创新力度和产业竞争力，提高优质基酒的产量和质量。

5.3.1 自动化酿造生产线设计原则

5.3.1.1 继承和发扬传统工艺的精髓

对酿酒机械化的研究首先要遵守"坚持、继承、创新"的原则。坚守老一辈酿酒师们对传统工艺总结的精髓；继承就是要把握不同香型酒工艺生产的核心要点，继承传统操作的关键点、诀窍，揭示其蕴含的机理；创新就是采用先进的机械设备模拟并代替传统工艺中的手工操作工序，以达到减轻劳动强度、提高劳动效益、稳定生产质量为目的。

5.3.1.2　将酿造机械化与传统白酒生产要求相结合

目前，中国名优酒绝大部分都是固态发酵工艺，相比液态或半固半液态等生产方式较难以实现机械化。因此，保证传统固态发酵工艺操作符合规范，而又以机械化操作代替人工具有很大的难度。在研究设计酿造机械化设备时，必须熟知酿造生产的精髓，不能只为机械化而机械化，不能舍本逐末割裂传统工艺的精髓。对传统酿酒工艺的每道工序进行分析，分析其与酒质、出酒率的关系，每步操作逐一分解，考虑机械化后哪些因素会对工艺参数产生影响，设计出适合传统工艺操作要求的酿造机械化设备。

5.3.2　自动化酿造生产线关键设备

5.3.2.1　粮食输送和泡粮系统

（1）斗式提升机、刮板输送机

选用皮带式斗式提升机，功率为 5.5kW，输送速度为 1m/s，将物料提升至 5m 的高度。每小时可提升 3100kg 粮食。其主要性能及参数符合《垂直斗式提升机》（JB 3926—2014），牵引圆环链符合《矿用高强度圆环链》MT 12718—2009 的标准。选择的依据如下：①与其他输送机相比，能在垂直方向内输送物料而占地面积较小；②在相同提升高度时，输送路线大为缩短，设备布置紧凑；③能在全封闭的罩壳内进行工作，有较好的密封性，从而可减少对环境的污染。

（2）自动输粮、泡粮池系统

在传统的酿酒技术中，原料的浸泡大多采用特定容器盛装，而且进出原料都是人工作业，费时费力，也不利于规模化生产。为了克服这些技术中的缺点和不足，笔者对其进行了必要的改进，设计出了一种自动进行原料输送和卸料的新型粮食浸泡系统，可满足规模化、机械化的酿酒生产，具有设计新颖、操作方便等特点。刮板输送机安装于泡粮池上方，经漏斗接于泡粮池；泡粮池为左右对列式，浸泡池内侧中下部设置泄料阀，外侧上半部设置高架走廊；在浸泡池中间地面设置钢轨和筛网式不锈钢盛粮筐篓。

泡粮池的平面示意见图 5-5。共有 20 个泡粮池，其中每个池子的面积为 2.6m²，可浸泡粮食 1400kg。

（3）各机械化设备的衔接

图 5-6 展示了各机械化设备的衔接。原料的输送采用了斗式提升机和刮板输送机，新建了自动输粮、泡粮池系统，研制了卧式加压连续蒸粮机。

① 粮食的输送　粮食从仓库的投料口经斗式提升机提升至 5m 的高度，再由

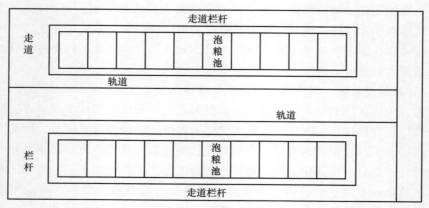

图 5-5　泡粮池平面示意图

(a) 斗式提升机、刮板输送机

(b) 自动输粮、泡粮池系统

(c) 泡粮池出粮系统

(d) 蒸粮机自动进出篮系统

图 5-6　各机械化设备的衔接

刮板输送机输送至酿造车间蒸煮工段泡粮池上方，每个泡粮池顶部有一出料口（三通阀），刮板输送机中的粮食经此三通阀到达指定的泡粮池中，粮食输送完毕，关闭斗式提升机及刮板输送机。

② 粮食的浸泡　采用自来水管加水泡粮，水位达到预定的高度关闭水阀，浸泡好的粮食随泡粮水一起经底部阀门进入粮篓，利用水流的冲力可促进粮食的出池，粮食存放于粮篓中，泡粮水滤至下水道进入污水处理站。

③ 粮食的蒸煮　粮食于粮篓中推入卧式加压连续蒸粮机，初蒸闷水及复蒸一次性在密封的卧式加压连续蒸粮机内完成，无需中途开盖。各阀门均通过电气系统控制，温度、压力等参数也由电子仪表实时显示，实现了机械化及自动化操作。

5.3.2.2　自动起糟机

（1）研制思路

在浓香型、酱香型等多种香型白酒生产过程中，由于窖池大而且深，起糟一直是劳动强度大的工序。为了解决这个问题，针对那些没有行车的车间专门开发设计了自动起糟机（图 5-7）。经过实践应用，很大程度地降低了劳动强度。

图 5-7　自动起糟机示意图

（2）主要原理

通过一个转动轴链接 2 节输送带，2 节输送带可 90°旋转（图 5-8）。通过调整角度和高度，将 1 节输送带伸入窖池底部，工人将酒糟挖到输送带上，通过第 2 节输送带酒糟进入位于地面的可滑动料斗中。起糟机设有可移动的底座，能自由移动。

为了解决料斗转运的问题，在料斗的底部装有滑轮，在窖池通道上铺设有轨道，这样通过人工就能很轻松地将料斗推至蒸馏区。料斗达到蒸馏区后，运用在车间配备的"单梁门式起重机"进行料斗转运，可以将料斗转运至拌料机以及摊晾机等设备处，进行拌料、摊晾等生产工序的操作。通过一系列的机械设备的设计使用实现酿酒酒醅起糟机械化，

图 5-8　自动起糟机旋转 90°示意图

大幅度地降低了劳动强度。

（3）主要技术特点

① 自动起糟机将酒醅从脚底运输至料斗，很大幅度地降低劳动强度；

② 料斗底部设有滑轮，能轻松在铺设的轨道上滑行，避免了发酵间没有行车运行带来的不便；

③ 成本较低。轨道铺设与发酵间设计行车相比，减少了建设成本。

5.3.2.3 卧式加压连续蒸粮机

（1）研制思路

根据固态白酒生产工艺中熟粮的标准，来制定卧式加压连续蒸粮机的研制要求。设备要求能完成初蒸、闷水、复蒸这些工序，要保证熟粮的水分、裂口率及透心程度达到预期要求，蒸出的粮食要皮薄柔熟收汗，同时要发挥机械化效能。

（2）设备结构

卧式加压连续蒸粮机既要能满足生产的需求，同时尺寸大小及安装要求符合车间的实际情况。结合粮篓的尺寸（1000mm×920mm×920mm），设计锅体内径为1450mm，筒长为5050mm，这样锅内可装粮篓 5 个，且粮篓上下也有足够的空间进行蒸汽和循环水的供给，锅内设计有内轨道，与锅外的轨道相接以方便粮篓的进出。

加压蒸粮锅可分为卧式和立式两种。经过详细分析比较，本研究选择卧式加压蒸粮机（图 5-9），结构见图 5-10。首先从技术经济指标方面综合考虑，设备选型既要满足生产、工艺的要求（即技术指标），又要以最低的成本取得高质量、高效率、能耗小的产品，获得最大的经济效益；其次从运行稳定性方面来说，要保证生产操作简便、清洗和维修方便、运行可靠；此外还要考虑设备的安装及后期的保养。具体选择依据如下：

① 卧式蒸粮机操作方便，各部件及操作按钮易于接触，且稳定性好，不足之处是占地面积稍大，车间要有足够的场地安放。

② 立式蒸粮机进出料及加压蒸粮时有很大的反冲作用，会在支柱底部产生很大的弯矩，久而久之，底部支柱容易变形。而卧式蒸粮机由于底部支柱较多可缓解此反冲作用，因此机体对支柱的压力较小。

③ 立式蒸粮机的安装麻烦。由于设备的尺寸、重量都较大，一般需要 2～3 台大型吊车现场安装，安装完成后，还需进行垂直度偏差校正，否则循环系统会出现问题。

④ 设备后期的养护及维修，相比较起来卧式蒸粮机也要方便许多。

卧式加压连续蒸粮机包括锅体、贮气罐、压缩机、密封盖、蒸汽进管、排气管、加压气管、压力表、基座、进凉水管、排污口、仪表箱，其特征在于：锅体置于基座上，锅体为圆筒形，锅体两端设置密封盖，上部连接蒸汽进管、排气管、加

图 5-9　卧式加压连续蒸粮机

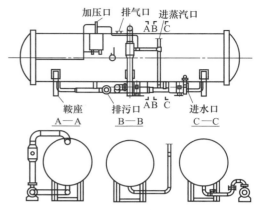

图 5-10　蒸粮机结构示意图及部分剖面图

压气管及设置有压力表；锅体于一侧设置仪表箱，下端连接有进凉水管和排污口；锅体一侧地面设置贮气罐和压缩机，贮气罐和锅体经加压气管相连接。

（3）工作原理及工作步骤

蒸粮工序要解决的主要问题是使整粒粮食通过泡、蒸、闷粮后裂口，吸水适当，以利于酶的接触，为培养微生物提供适宜的条件。粮粒裂口率与出酒率成正比，即裂口率越高，出酒率越高。在目前条件下，粮粒裂口的程度，随水分的增多而加大，但培菌需要的正常水分有一定的限量。因此，在一定水分条件下，如何使粮粒裂口率提高是蒸粮工序要解决的主要问题，也是卧式加压连续蒸粮机的主要研制难点之一。就此问题，我们一方面采用加压蒸煮方式，另一方面外置循环泵使蒸粮水流带动粮粒不断翻转，在短时间内（约1h）完成蒸粮，这样可避免熟粮所含的水分过多而影响培菌；同时，高温高压的环境可保证粮粒的裂口率，提高出酒率。

浸泡好的粮食装入粮篓里推进卧式加压连续蒸粮机，通过底部的进水管将热水池中的冷凝水泵入锅中，检查蓄水池水位，让水面淹没粮面，通入的蒸汽经锅内顶端的气体分配管喷向粮食，首先是蒸汽对水的加热，到达一定温度后热水与蒸汽一起对粮食进行蒸煮，蒸粮水流在循环泵的带动下强制流动，带动粮篓中的粮粒处于不断的翻转中，此阶段完成初蒸、闷水两道工序，蒸煮好的粮食可直接实现闷水的目的。初蒸闷水结束后进行排水，再直接用蒸汽对粮食复蒸。复蒸完毕，进行排气，泄压，最后出粮。

（4）主要技术参数

卧式加压连续蒸粮机可分为主体部分、自动控制部分和附属设备，见表5-2。主体部分包括：锅体、管道、封头、法兰，均采用不锈钢材质。自动控制部分是指输出指令、动作执行部分。

主要附属设备、型号和技术参数见表5-3和表5-4。

表 5-2　卧式加压连续蒸粮机自动控制部分配置

名称	品牌	产地	作用
电磁阀空气过滤器	Airtac	苏州	为气动阀门提供清洁的气源
调压阀	马克丹尼	苏州	为气动阀门提供稳定的气源
压力传感器	艾默生	美国	输送压力信号
压力控制器	艾默生	美国	控制蒸粮压力
温度传感器	昆仑海岸	北京	给温度控制器输送信号
气动角座阀	精锐	青岛	控制蒸汽和压缩空气的通断
时间控制器	德力西	温州	控制排气蒸煮时间
循环水泵	凯仕	上海	循环锅内水流
减速机	住友	日本	带动链条转动

表 5-3　卧式加压连续蒸粮机的附属设备

名　　称	主 要 参 数
储气罐	容积 1.5m³；压强 0.9MPa
空气压缩机	0.7m³/min；压强 0.9MPa
玻璃钢储水罐	7m³
玻璃钢冷却塔	140T/h
冷却水循环泵	130m³/h

表 5-4　卧式加压连续蒸粮机的主要技术参数

项　　目	内　　容
内径/筒长/容积	1450mm/5050mm/8.3m³
最高工作压力	0.3MPa
最高工作温度	145℃
电源电压	380V
装机总功率	11kW
粮篓尺寸	1000mm×920mm×920mm
锅体壁厚	5mm
锅体材质	Sus304
占地面积	6650mm×2050mm×3250mm
重量(空锅)/(满载)	3.2T/13.2T

（5）产能

装料量必须考虑两方面因素：一方面，如果装料过多，料层厚，会影响蒸煮效果、传质传热困难，造成料层蒸煮不均匀，影响熟粮的质量；另一方面，如果装料过少，设备的利用率低性价比低，且会降低整个车间的产能。卧式加压连续蒸粮机可容纳五个粮篓，每个粮篓的装料量为 300kg，占粮篓四分之三的体积（考虑到粮食蒸煮后会有一定的膨胀），这样整个蒸粮机的装料量确定为 1500kg。设计的生产规模为：日投料 6 万斤（1 斤＝500 克）粮食，日工作时间为 20h，分两班作业。

5.3.2.4　立式粮醅螺旋混合机

（1）研制思路

立式粮醅螺旋混合机要能代替人工进行原粮和酒醅的混匀工序。既要对原粮和酒醅进行充分搅拌混匀，又不能对粮糟造成挤压，还要可用于搅拌好的粮糟出料，达到连续生产的目的。针对这些要求，经过反复实验，设计并开发了立式粮醅螺旋混合机。

（2）设备结构

设备由搅拌桶、调速电机、螺旋搅拌桨叶、转动轴组成。转动轴垂直设置在搅拌桶中心，螺旋搅拌桨叶则环固于转动轴上，调速电机通过传动皮带与转动轴的底端相连，搅拌桶一侧下端设置有出料口，底端连接支撑脚，结构见图 5-11。

搅拌筒的上方是醅糟输送带与粮糟输送带的入口，两者按照一定的比例进入搅拌筒，运行电动机，使转动轴带动螺旋搅拌桨叶转动将物料混匀，再从底部的出料口出

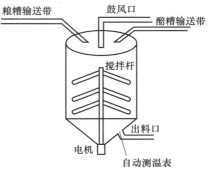

图 5-11　立式粮醅螺旋混合机结构示意图

料，为了方便出料，出料口向下有一定的倾斜度；此处还安装了自动测温计，实时显示温度。

（3）主要技术参数

见表 5-5。

表 5-5　立式粮醅螺旋混合机的主要技术参数

项　目	内　容	项　目	内　容
搅拌筒内径/壁厚	550mm/8mm	螺旋搅拌桨叶	上、中、下三点控制
调速电机功率	2.5kW	转动轴长度	1000mm

（4）产能

在正式投入生产前，进行了试生产试验以确定搅拌速度，结果表明，当转速为 15rpm、粮醅搅拌时间为 2～3min 时，可将物料充分混匀，混匀好的物料由出料口经输送带输出。

5.3.2.5　粮糟摊晾加曲一体机

（1）研制思路

温度对于酿酒工艺极其重要，合适的加曲温度、入池温度等工艺参数显著地影响着最终的发酵效果。酿酒过程有 2 个工段需要控制物料温度：

① 熟粮。蒸熟的粮食需要迅速降温，达到合适的加曲温度。

② 醅糟。醅糟温度的高低对入池发酵有很大的影响，冬季和夏季醅糟均要堆

着放，使冬季保持醅糟的温度，夏季保持醅糟的水分。

首先要求能满足以上这些工艺技术的要求，其次应与车间的生产能力相匹配，主要设备与辅助设备之间相互配套，保证产量、质量、建设规模、产品方案相适应，满足现有技术条件下的使用要求和维护要求，确保安全生产。

（2）设备结构

粮糟摊晾加曲一体机主要包括：进料斗、调节板、搅拌杆、水温空调接口、风机接口、自动测温表、冰水制冷空调接口、加曲箱、托辊、不锈钢筛孔扣板输送带、风机、支架、出料口、调节杆、减速机、配电箱、调速电机、十字搅拌拨棍。摊晾加曲机支架一端设置减速机，另一端设置调速电机，输送带为不锈钢筛孔扣板链条，其两侧设有凹槽和滚珠用于链条的扣板输送，不锈钢筛孔扣板输送带上平面设置搅拌杆，下部下端底部设置托辊；支架下地面上设置有风机，内侧设置配电箱。支架顶部一端设置进料斗、中段设置水温空调接口和冰水制冷空调接口、另一端设置加曲箱及出料口；进料斗一侧设置有调节板、搅拌杆，并在加曲箱内设置无级变速减速机的十字搅拌拨棍。结构如图 5-12 所示，实际应用效果如图 5-13 所示。

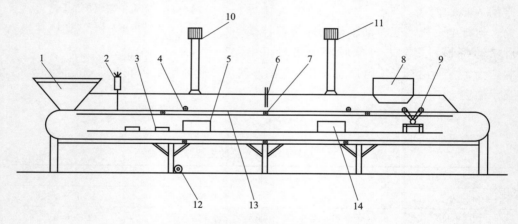

图 5-12　粮糟摊晾加曲一体机结构示意图

1—进料斗；2—调节板；3—风机接口；4—搅拌杆；5—水温空调接口；6—自动测温表；
7—托辊；8—加曲箱；9—十字搅拌拨棍；10—水温空调；11—冰水制冷空调；
12—风机；13—扣板链条；14—冰水制冷空调接口

（3）工作原理及工作步骤

由于夏季气温较高，通过鼓风机送风来降低物料温度的方式很难达到工艺要求，因此需要更低温度的风来进行摊晾冷却，综合考虑成本因素，添加制冷设备并设计了三段式逐级降温冷却的方式，既达到了冷却的目的又节约了成本。

熟粮采用不锈钢筛孔链条扣板输送，可防止跑偏、漏粮现象的发生，达到平稳输送的目的；摊晾采用鼓风、抽风的模式，从筛孔下面鼓风，同时上面进行抽风，这样粮糟在中间可得到较好的冷却效果。

图 5-13　粮糟摊晾加曲一体机应用效果

　　熟粮从卧式连续加压蒸粮机运出经进料斗进入粮糟摊晾加曲一体机开始输送，由鼓风机、水温空调和冰水制冷空调对其进行风冷摊晾。在摊晾输送机的末端添置了自动加曲机，通过调节摊晾机和加曲机电机频率，做到加曲均匀一致。整个摊晾过程可分为以下三个阶段。

　　① 10 米 5.5kW 鼓风机摊晾、搅拌、风机平吹。采用自然风送风温度为室温，可将粮糟的温度降至 60℃左右。

　　② 4 米 4.5kW 水温空调摊晾、搅拌、风机平吹。采用水温空调送风温度为 20℃左右，可将粮糟进一步冷却到 40℃左右。

　　③ 6 米 3kW 冰水制冷空调摊晾、搅拌、风机平吹。送风温度可低至 10℃，最终粮糟可冷却至 20℃左右。

　　主要技术参数见表 5-6。

表 5-6　粮糟摊晾加曲一体机的主要技术参数

项　　　目	内　　　容
鼓风机功率	4.5kW
水温空调功率	5.5kW
冰水制冷空调功率	3.5kW
加曲箱尺寸	300mm×160mm×950mm
调速电机	1.6kW 一个；0.5kW 两个
整体外观不锈钢板厚度	1.5mm

5.3.2.6　自动圆盘高温堆积系统

　　（1）研制思路

　　高温堆积是酱香型/浓酱兼香型白酒酿造过程中不可缺少而又极其关键的一道工序，起到二次制曲的作用。传统的高温堆积是将糟醅堆积在车间场地上，糟醅的温度、湿度等条件受到外界环境的较大影响，在恶劣或极端气候条件下难以达到正常的工艺标准范围。

本项目设计研发自动圆盘高温堆积系统，与堆积前后工序实行有机链接，进料口利用不锈钢输送带输送经过摊晾、自动打量水、自动加曲后的糟醅，出料口利用绞龙将物料传送至发酵容器；高温堆积箱内的换热器、风阀通过蒸汽或冷却水实现对糟醅的温度调节、含氧量控制，雾化器对物料进行湿度调节；针对不同轮次的堆积糟醅分别开发 PLC 控制系统，实现自动化控制，不再需要人工现场进行仪表或阀门的调控。通过自动化控制，对堆积培养的糟醅实时进行准确调节，保证每一批次的堆积糟醅质量稳定，既可缩短堆积时间，又可节省大量劳动力。

（2）设备结构

自动圆盘高温堆积系统主要分为：圆盘入料输送机，主驱动，出、入曲机，翻曲机，支撑轮，空调主机；主轴，换热器装置，风阀部分，风道部分，风机，圆盘出料输送机等 12 个部分，其机构示意如图 5-14 所示。

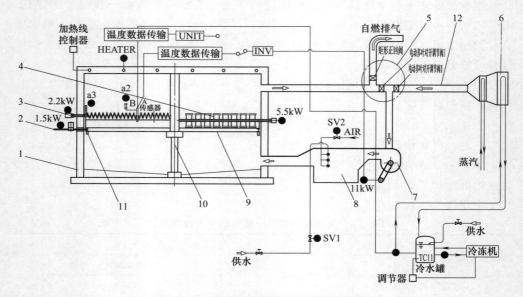

图 5-14　自动圆盘高温堆积系统示意图

1—制曲机主框架；2—主驱动；3—出、入曲机；4—翻曲机；5—风阀部分；6—换热器装置；
7—风机；8—空调主机；9—圆盘架；10—主轴；11—支撑轮；12—风道部分

1）圆盘入料输送机结构及工作原理

① 结构　主要由驱动装置、运载装置、张紧装置、移动装置、挡料板和机架等部分组成。

② 工作原理　主动辊在电机驱动下旋转，通过辊子上的链轮作用，带动输送带及其上的物料一同运动，物料运送至端部，由于输送带的换向而卸载。利用移动装置实现输送机前后移动，可以将物料输送进圆盘，也可以将物料输送至过渡输送机。

2）主驱动部分结构及工作原理

① 结构　驱动部分主要分为三部分：驱动减速机、驱动大齿轮、齿轮护罩。

② 工作原理　驱动减速机带动驱动大齿轮旋转，驱动大齿轮拨动圆盘架小柱，从而带动圆盘架旋转。齿轮护罩驱动大齿轮封闭起来，防止曲房内热量流失。

3）出、入曲部分结构及工作原理

① 结构　出入曲部分主要分为六部分：出入曲绞龙、出料滑道、升降门、室外升降丝杆部分、室内升降丝杆部分、传动轴。

② 工作原理　室外电动机通过皮带轮带动室外涡轮减速机工作，室外涡轮减速机通过链轮带动室外升降丝杆旋转，同时室外涡轮减速机通过传动轴带动室内涡轮减速机工作，从而带动室内升降丝杆旋转，在室内、外升降丝杆的共同作用下，出入曲绞龙可以上下移动。注：入曲和出曲时，绞龙的转向相反（绞龙的转向通过改变主减速机的转向来改变）。

入曲：打开主减速机，根据需要逐渐将绞龙降至合适位置，关闭升降门，然后开始入料，物料在绞龙的带动下从外向内输送，同时圆盘架也在旋转，在刮板的刮动下使物料铺满整个曲房。

出曲：主减速机反转，根据需要逐渐将绞龙降至合适位置，打开升降门，同时圆盘架旋转，曲房内物料在刮板的刮动下和绞龙的带动下从内向外输送，物料从出曲滑道输出。

4）翻曲部分结构及工作原理

① 结构　主要分为四部分：翻曲轴、室外升降丝杆部分、传动轴、室内升降丝杆部分。

② 工作原理　室外电动机通过皮带轮带动室外涡轮减速机工作，室外涡轮减速机通过链轮带动室外升降丝杆旋转，同时室外涡轮减速机通过传动轴带动室内涡轮减速机工作，从而带动室内升降丝杆旋转，在室内、外升降丝杆的共同作用下，翻曲轴可以上下移动。翻曲时先打开主减速机，然后根据需要将翻曲轴逐渐调到适当位置后主减速机带动翻曲轴旋转，从而对物料进行搅拌。

5）支撑轮部分结构及工作原理

① 结构　支撑轮部分主要分为四部分：托轮、小轴、支撑座、油嘴。

② 工作原理　支撑轮位于圆盘架的下部，通过托轮对圆盘架起支撑作用，托轮和小轴上有油槽，可以通过位于托轮左端的压板上的油嘴对支撑轮加润滑脂，减少摩擦。

6）空调主机部分结构及工作原理

① 结构　空调主机部分主要分为五部分：空调主机壳体、雾化装置、水路组件、气路组件、排水管。

② 工作原理　当曲房内需要降温时，从换热器出来的空气进入空调主机，通过进水口进入空调主机的水在压缩空气的作用下从喷嘴喷出，对空气进行加湿。然

后经雾化装置进入曲房；污水排出。

7）主轴部分结构及工作原理

① 结构　主轴部分主要分为四部分：上半主轴、中间连接轴、下半主轴、主轴座架。

② 工作原理　主轴主要是用来支撑圆盘架和曲房顶支架的，其中中间连接轴部分外装有两个轴承，轴承座与圆盘架焊接在一起，圆盘架围绕中间连接轴旋转。

8）换热器装置结构及工作原理

① 结构　冷却装置主要分为三部分：旋管表冷器、旋管加热器、连接罩体。

② 工作原理　当曲房需要降温时，关闭旋管加热器的进蒸汽阀门，开启进入旋管表冷器的冷却水阀门，冷却水进入旋管表冷器内，旋管表冷器内设有盘管，增大了冷却面积，空气经旋管表冷器冷却后经过风道进入曲房，在风机的共同作用下，从而达到冷却的目的。

当曲房内物料需要烘干时，关闭进入旋管表冷器的冷却水阀门，开启旋管加热器的进蒸汽阀门。蒸汽进入旋管加热器，旋管加热器内设有盘管，增大了加热面积，空气经旋管加热器加热后经过风道进入曲房，在风机的共同作用下对曲房内物料达到烘干的目的。

9）风阀部分结构及工作原理

① 结构　风阀部分由两个电动多叶对开调节阀和一个矩形止回阀组成。

② 工作原理　矩形止回阀安装在排风道上，风机打开后，在风的冲力作用下，矩形止回阀打开，向外排风；当风机停机后，起到防止气流倒流的作用。两个电动多叶对开调节阀可以电动开启或关闭风阀，并且具有手动按钮，可手动开启或关闭风阀，从而调节风道内风量和调节风速。关闭电动多叶对开调节阀Ⅰ，打开电动多叶对开调节阀Ⅱ，此时空气由进风道沿箭头所示方向通过风机进入室内，然后从室内出来通过自然排风排出室外。风量和风压通过风阀上风门板的开启角度来调整。打开电动多叶对开调节阀Ⅰ和电动多叶对开调节阀Ⅱ，空气从进风道进入，通过风机，进入室内，经过室内出来一部分风排出室外，另外一部分重新通过风机进入室内，如此循环工作。风量和风压通过风阀上风门板的开启角度来调整，可实现自动化控制。

10）风机的结构及工作原理

① 结构　风机主要分为五部分：进风口、出风口、壳体、叶轮、传动部分。

② 工作原理　叶轮安装在壳体内，当电机通过带轮传动带动叶轮旋转，此时，来自换热器的室外空气被轴向吸入，然后转折90°沿径向排出叶轮，气体在壳体内汇集并导流至出气口排出，进入空调主机。

11）圆盘出料输送机的结构及工作原理

① 结构　主要由驱动装置、运载装置、张紧装置、移动装置、挡料板和机架等部分组成。

② 工作原理　主动辊在电机驱动下旋转，通过辊子上的链轮作用，带动输送带及其上的物料一同运动，物料运送至端部，由于输送带的换向而卸载。

（3）设备主要技术参数

1）圆盘入料输送机的技术参数

见表 5-7。

表 5-7　圆盘入料输送机的主要技术参数

序号	项　目	参　数
1	主驱动电机功率	0.75kW
2	主驱动电机转速	48.3r/min
3	移动电机功率	60W
4	移动电机转速	6.04r/min
5	网带宽度（链条中心距）	300(mm)
6	外形尺寸	$3600 \times 600 \times 410 (mm)(L \times W \times H)$

2）圆盘堆积箱的技术参数

见表 5-8。

表 5-8　圆盘堆积箱的主要技术参数

序号	项　目	参　数
1	生产能力	$6m^3$/批
2	圆盘直径	4m
3	圆盘有效面积	$25m^2$
4	风机功率	11kW
5	曲床料层厚度	约 500mm
6	温、湿度	可控
7	外形尺寸	$4.65 \times 4.65 \times 4.78 (m)(L \times W \times H)$

3）圆盘出料输送机的技术参数

见表 5-9。

表 5-9　圆盘出料输送机的主要技术参数

序号	项　目	参　数
1	电机功率	0.75kW
2	电机转速	48.3r/min
3	网带宽度（链条中心距）	300(mm)
4	外形尺寸	$3500 \times 475 \times 1900 (mm)(L \times W \times H)$

（4）自动圆盘高温堆积系统的应用情况

与传统堆积相比，利用圆盘进行堆积，物料起温速度快，升温速度猛，能在较短时间内达到工艺要求的顶温，冬季进行堆积优势更加明显。与此同时，酒醅的香味和霉层情况均与传统堆积相差无几，实际应用情况见图 5-15。

图 5-15　应用自动圆盘高温堆积系统进行酱香型白酒高温堆积

　　在实际应用过程中，利用先进的 PLC 系统对堆积过程中的物料进行控温、控湿等调控，使高温堆积过程由传统的不可控因素（气候、杂菌污染、水分含量等）大为减少，保证堆积过程的稳定和微生物的正常生长代谢。自动圆盘高温堆积系统运行界面如图 5-16 所示。

图 5-16　自动圆盘高温堆积系统运行界面

5.3.2.7　隧道式稻壳蒸煮机

（1）研制思路

主要用于通透性较好、对温度水分不敏感、粒径较为均匀的散杂物料的连续或间断蒸煮杀菌消毒、蒸煮排杂气杂味。

（2）设备结构

该机包括机身、拖动网链总成、拖动系统、匀料限料装置、蒸汽供给系统、排潮系统（图 5-17）。

图 5-17　隧道式稻壳蒸煮机示意图

（3）技术特点

① 蒸煮时间 45min，单台能力＞25m³/h；

② 机架、机身、输送系统、蒸汽系统等所有与水蒸气或水分接触的地方，全部采用符合食品生产要求的不锈钢材料；

③ 配备布料系统，保证料堆厚度均匀；

④ 配备料位控制装置，保证料厚可控可调；

⑤ 配备变速输送装置，保证蒸煮时间可控可调；

⑥ 配备蒸汽调节供给装置，保证蒸汽供给均匀、分段控制；

⑦ 配备污水排放设施；

⑧ 配备杂气排放管网。

5.3.2.8　隧道式糖化、高温堆积及输送系统

（1）研制思路

在白酒酿造过程中，糖化发酵、高温堆积发酵是两种重要的生产工艺及方法。所谓糖化，就是将已经蒸煮熟透了的粮食（单粮或多粮均可），加入少量的发酵菌种，在一定的环境条件下，发酵糖化，以增加其糖分。而高温堆积则是将已经馏酒的酒糟与已经蒸煮熟透的粮食按一定的比例混合，并同时加入一定比例的高温曲，在一定的环境条件下，高温发酵，以增加特殊香味成分。

糖化发酵主要用于清香白酒、复合香型白酒等的酿造过程中，而高温堆积主要

用于酱香型、复合香型白酒的酿造过程中。两者的工艺过程、使用范围、工艺条件等差别较大，但作业方式有较大的相似性，主要表现有：在地上或架上作业、手工堆形、人工控制温湿度、人工翻转运输等。

鉴于此，笔者认为，可以用同类型的机械设备及方法，在不同的控制条件下，实现糖化发酵、高温堆积发酵的机械化作业。

（2）设备主要功能

隧道式糖化、高温堆积及输送系统如图 5-18 所示，设备主要功能如下。

① 将蒸煮熟透并掺兑发酵菌的粮食均匀、有序地布置进糖化箱内。

② 自动调节箱内的温度。

③ 自动调节箱内环境的湿度。

④ 控制发酵温度，进而控制发酵时间。

⑤ 自动疏散出料。

图 5-18　隧道式糖化、高温堆积及输送系统

（3）主要技术参数

① 进出料输送流量：30m/h。

② 糖化箱能力：10t/台。

③ 铺料厚度：300～500mm。

④ 糖化时间：16～24h。

⑤ 糖化温度：27～45℃。

⑥ 糖化一致：＞85％。

（4）主要机电设备

① 核心机电设备：糖化箱、布料车、温控系统。

② 一般机电设备：链板输送机、鼓风机。

③ 配套公用工程：操作平台、压缩空气供给管网、蒸汽供给管网、水供给管网、排潮管网等。

④ 控制系统：中心控制柜、现场操作箱、线槽桥架、电缆、计量仪表等。

5.4　固态法荞麦酒自动化生产专用菌种选育

白酒作为多菌种混合固态静止自然发酵技术，具有独特的魅力，对于其中微生物特别是酿酒功能菌的研究具有很高的理论和应用价值。就目前的研究现状来说，首先，针对某一种酿酒工艺而选育的专用菌株研究较少；其次，从研究方向上来看，对酿酒功能菌研究区域有一定的局限性，较多的集中在少数功能模式菌株的分离、筛选和鉴定，微生物区系以及主要菌群的变化规律，而对该菌种在生产过程中的应用效果以及发酵过程中的变化规律缺乏进一步的研究；最后，白酒质量与多种因素有关，并非仅仅依靠功能菌的添加就能生产出优质白酒，在实际生产过程中，还需要配套的工艺如大曲、入窖条件、工艺操作、堆积培养等进行辅助。因此，在进行白酒酿造功能菌的选育和应用过程中，还需要开发和改进相应的配套工艺技术和酿酒装备，两者相辅相成。

本节研究以酒厂的大曲、酒醅等为样品，以提高出酒率、产香率、环境适应性为目标，利用原生质体紫外、化学、复合及再生诱变育种等手段，进行发酵菌种的定向改良，选育出具有自主知识产权的高耐受性生香酵母、产酱香风味功能菌、高产酯化酶红曲菌等优良菌株。在此基础上，系统研究酿酒功能菌的生理生化特性、产香机制、代谢调控方法和应用特点以及多菌种复配和微生物大规模培养技术，这对开发固态荞麦酒系列产品提供一定的技术支撑。

5.4.1　生香酵母的选育

5.4.1.1　材料

（1）样品

酿酒用曲：从湖北各酒厂收集得到。

（2）培养基

液体 YEPD 培养基：葡萄糖 2%，酵母膏 1%，蛋白胨 2%。

固体 YEPD 培养基：葡萄糖 2%，酵母膏 1%，蛋白胨 2%，琼脂 2%。

产酯培养基：葡萄糖 8%，酵母膏 1%，蛋白胨 2%。

高渗再生完全培养基：固体 YEPD 培养基中加入 0.6mol/L 蔗糖。

（3）试剂及配制方法

1% 酚酞指示剂：称取 1g 酚酞，溶于 100mL 95% 酒精中。

0.1mol/L 硫酸标准滴定溶液：按国标 GB/T 601—2002 操作。

0.1mol/L 氢氧化钠标准滴定溶液：按国标 GB/T 601—2002 操作。

Sybr 染色液：北京鼎国昌盛生物技术有限责任公司。

TaqDNA 聚合酶、dNTP、DL2000 marker、PCRbuffer：宝生物工程（大连）

有限公司。

　　酵母基因组提取试剂盒：天根生化科技（北京）有限公司。

　　琼脂糖凝胶 DNA 回收试剂盒：天根生化科技（北京）有限公司。

　　蜗牛酶：北京鼎国生物技术有限责任公司。

　　渗透压稳定剂：0.8mol/L KCl，用柠檬酸-磷酸缓冲液配制。

　　蜗牛酶酶液：1.0％、1.5％、2.0％蜗牛酶，用渗透压稳定剂配制，0.45μm 微孔滤膜过滤除菌。

　　脱壁预处理剂：10mmol/L $MgSO_4$，50mmol/L 二硫苏糖醇（DDT）。用渗透压稳定剂配制。

　　10％氯化锂：1g 氯化锂溶于 9mL 无菌水。

　　2％硫酸二乙酯（DES）：取 DES 原液 0.4mL 于灭菌的试管中，加入少量乙醇使其溶解，再加入 pH7.2 的磷酸缓冲液 19.6mL（DES 很不稳定，在水溶液中半衰期很短，因此要严格做到随配随用）。

　　25％硫代硫酸钠：2.5g 硫代硫酸钠溶于磷酸缓冲液，定容至 10mL。

5.4.1.2　研究方法

　　（1）生香酵母的筛选

　　采用传统平板稀释分离纯化的方法，分离纯化小曲中酵母菌株。将从小曲中分离纯化得到的酵母菌株活化培养 24h，之后接种于产酯培养基，装瓶量为 250mL 三角瓶装产酯培养基 100mL，在 30℃静置培养 4d。然后将发酵液加入 80mL 酒精，并蒸馏接取馏液 100mL，对馏液进行总酯和乙酸乙酯的测定。

　　（2）生香酵母的产物分析

　　将酵母发酵产物离心过滤处理后，进行气相色谱分析。同时将含 8 种酯的标准溶液在相同气相色谱条件下作气相色谱分析。对照两者色谱图分析其代谢产物。

　　（3）生香酵母的分子鉴定

　　采用 26SrDNA 序列分析法进行测定。

　　（4）生香酵母的原生质体诱变育种

　　① 酵母菌原生质体形成与再生条件研究

　　将菌株在 YEPD 培养基斜面上 30℃活化 24h。将活化后的酵母菌接种于装有 50mLYEPD 的 150mL 三角瓶中，30℃振荡培养至对数生长前期。将上述培养液 3500r/min 离心 10min。用无菌水离心洗涤两次，尽可能除去杂质。将酵母细胞悬浮于 3mL 脱壁预处理溶液中，30℃振荡处理 10min，3500r/min 离心 10min 收集菌体。将菌体悬浮于 3mL 的蜗牛酶液中，30℃振荡培养一段时间。随时用显微镜观察细胞形成原生质体情况。当形成率达 90％以上时，停止反应。5000r/min 离心 10min 收集原生质体细胞，用渗透压稳定剂洗涤离心 2 次，之后将细胞悬浮于渗透压稳定剂中。

　　② 原生质体紫外诱变育种

用渗透压稳定剂将制备好的原生质体调节为 10^6 个/mL 的原生质体悬浮液。吸取 5mL 原生质体悬浮液置于 9cm 的平皿中，把盛有菌液的平皿放置在离灯管 30cm 下照射，打开平皿盖，照射时用振荡器或电磁搅拌缓慢搅动，使之均匀接受照射。分别取照射 0、20s、40s、60s、80s、100s、120s、140s、160s 的原生质体悬浮液，用渗透压稳定剂作适当稀释并涂布高渗再生完全培养基。30℃培养 2～3d，然后计数致死率。

根据试验结果，选取致死率在 70%～80% 的化学诱变剂量，对原生质体细胞进行紫外诱变，将照射后的菌液直接涂布于高渗再生平板，置于 38℃培养 2～3d。将平板上长出的菌株接种于液体产酯培养基，装瓶量为 250mL 三角瓶装 100mL 发酵液。30℃静置培养 4d，发酵液经过离心、膜过滤处理后，采用气相色谱法测量乙酸乙酯产量。

③ 原生质体化学诱变育种

将制备好的原生质体菌液 2mL 加入到试管中，然后加入体积分数为 2% 的硫酸二乙酯 2mL，振荡处理 5min、10min、15min、20min、25min、30min。最后加入 2mL 的 25% 硫代硫酸钠（用磷酸缓冲液配制）中止反应。适当稀释后涂布于高渗再生平板。置于 30℃恒温培养箱中培养 2～3d，将培养好的平板取出进行菌落记数，计算致死率。

根据试验结果，选取致死率在 70%～80% 的紫外诱变剂量，对原生质体细胞进行化学诱变，将处理后的菌液离心收集后涂布于高渗再生平板，置于 38℃培养 2～3d。将平板上长出的菌株接种于液体产酯培养基，装瓶量为 250mL 三角瓶装 100mL 发酵液。30℃静置培养 4d，发酵液经过离心、膜过滤处理后，采用气相色谱法测量乙酸乙酯产量。

④ 原生质体复合诱变育种

根据实验结果，选取比致死率在 70%～80% 的紫外诱变剂量偏低的剂量对原生质体细胞进行照射，然后涂布于含 1% 氯化锂的高渗再生平板，于 38℃静置培养 2～3d。将平板上长出的菌株接种于液体产酯培养基，装瓶量为 250mL 三角瓶装 100mL 发酵液。30℃静置培养 4d，发酵液经过离心、膜过滤处理后，采用气相色谱法测量乙酸乙酯产量。

⑤ 原生质体再生诱变育种

将制备好的原生质体直接涂布于高渗再生平板，于 38℃静置培养 2～3d。将平板上长出的菌株接种于液体产酯培养基，装瓶量为 250mL 三角瓶装 100mL 发酵液。30℃静置培养 4d，发酵液经过离心、膜过滤处理后，采用气相色谱法测量乙酸乙酯产量。

⑥ 诱变株的稳定性试验

将选育出的产乙酸乙酯量高且耐受性好的诱变株传代 15 次，然后选取 0、1、

5、10、15代菌株做发酵实验，验证诱变株的稳定性。

5.4.1.3 结果与分析

（1）生香酵母的筛选

从酒曲中共分离纯化得到17株酵母菌株，将分离纯化得到的17株酵母菌株活化后接种到产酯培养液后，发酵产物经过离心及微孔滤膜过滤处理后进行气相色谱检测并分析乙酸乙酯产量，皂化回流法测总酯。筛选的结果见表5-10。

由表5-10可知，大部分酵母菌株能够产乙酸乙酯，但X2和X14两株菌株完全不产乙酸乙酯。各种酵母产乙酸乙酯量占总酯的比例也不相同，说明不同酵母产酯种类和数量也有一定的差别。而X1菌株产乙酸乙酯最高，为2.135g/L，占总酯量的91.4%，其乙酸乙酯和总酯产量都远远高于其他菌株。因此，选用X1菌株作为出发菌株进行后续研究。菌种X1菌落和菌体形态见图5-19和图5-20。

表5-10　生香酵母的筛选

菌株	乙酸乙酯/(g/L)	总酯/(g/L)
X1	2.135	2.337
X2	0.000	0.012
X3	0.361	0.655
X4	0.690	0.872
X5	0.242	0.335
X6	0.435	0.562
X7	0.909	1.614
X8	0.638	0.956
X9	0.372	0.481
X10	0.152	0.213
X11	0.456	0.637
X12	0.184	0.229
X13	0.124	0.246
X14	0.000	0.022
X15	0.192	0.303
X16	0.135	0.257
X17	0.823	1.223

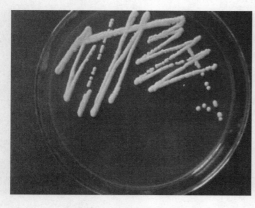

图5-19　X1菌落图

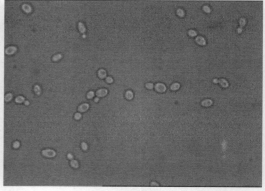

图5-20　X1菌体形态图（400倍）

从 X1 菌落图 5-19 可知，X1 菌落为白色、边缘整齐、较干燥、有脂质感。从 X1 菌体的显微镜图片图 5-20 可以看出，X1 菌体呈椭圆形，且菌体中有液泡，其繁殖方式是以一端出芽繁殖为主要繁殖方式的酵母菌。

（2）生香酵母的产物分析

不同生香酵母其代谢产酯种类和产量都会不同，弄清楚其代谢产物酯的种类对指导生香酵母的应用有一定帮助。采用气相色谱可以对微量物质作简单的定性分析，由图 5-21 可知，八种酯的出峰时间（保留时间）为：乙酸乙酯 1.058min、丁酸乙酯 1.839min、乙酸正丁酯 2.174min、乙酸异戊酯 2.728min、乙酸正戊酯 3.515min、己酸乙酯 4.715min、庚酸乙酯 8.075min、乳酸乙酯 9.696min，对照图 5-22 可知，X1 酵母只产这八种酯中的一种，即乙酸乙酯。因此，X1 是一株很适合清香型小曲白酒酿造的酵母菌株。

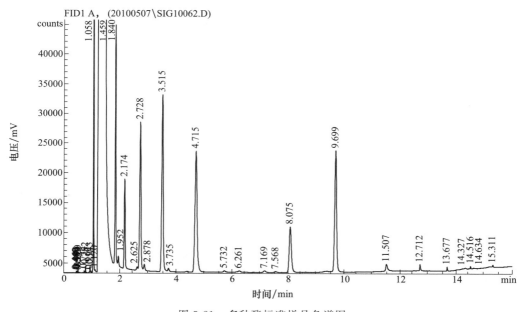

图 5-21　多种酯标准样品色谱图

（3）生香酵母的分子鉴定

通过分子生物学方法对 X1 菌株 26SrDNA 进行鉴定，并结合 VITEK-32 全自动微生物菌种鉴定仪的鉴定，确认该酵母菌株 X1 为异常汉逊氏酵母（*Hansenula anomala*）。

（4）生香酵母 X1 的原生质体诱变育种

① 酵母菌原生质体形成与再生条件研究

1958 年，Brenner 等人提出了细菌原生质体的 3 条标准：没有细胞壁；失去细胞刚性，呈球形；对渗透压敏感。所以菌体细胞壁溶解后，原生质体即以球状体的

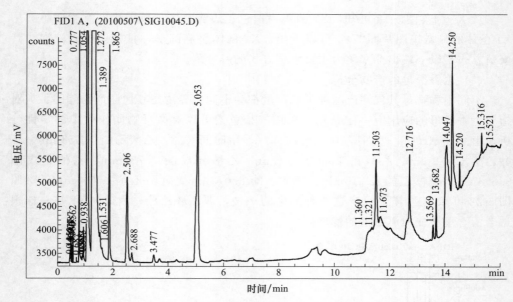

图 5-22　X1 菌株产物色谱图

形态开始释放。X1 细胞酶解前与酶解后的对比显微照片见图 5-23、图 5-24，由图可知，X1 酵母细胞酶解前的细胞形态大多数是椭圆，而酶解后细胞都变成圆形，据此可以判断原生质体已经形成。

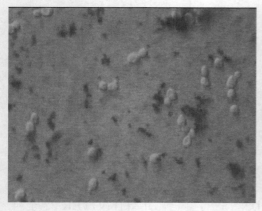

图 5-23　X1 酶解前细胞形态（400 倍）

图 5-24　X1 酶解后细胞形态（400 倍）

② X1 原生质体紫外致死曲线

紫外线是一种物理诱变剂，其诱变原理如下：a. 造成 DNA 与蛋白质的交联；b. 致使 DNA 链的断裂；c. 使胞嘧啶与尿嘧啶产生水合作用；d. 形成嘧啶二聚体，这是产生突变的主要原因。一般认为，在较低的致死率时正突变率大。因此采用紫外诱变时大多数选择致死率在 70％～80％ 的诱变剂量。由表 5-11 可知，紫外照射

120s 时，X1 原生质体致死率达到 78.3％。因此确定 X1 原生质体紫外诱变剂量为 120s。

表 5-11　X1 原生质体紫外致死率

照射时间/s	活菌数/个	致死率
0	442	0
20	389	12.0 %
40	324	26.7%
60	258	41.6%
80	203	54.1%
100	165	62.7%
120	96	78.3%
140	67	84.8%
160	54	87.8%

③ X1 原生质体化学（DES）致死率

DES（硫酸二乙酯）属于烷化诱变剂，其主要诱变原理是其活性烷基取代 DNA 分子中活泼的氢原子，从而改变 DNA 分子结构，引起突变。由表 5-12 可知，2％DES 处理 X1 原生质体 10min，其致死率为 82.5％。当处理时间为 30min 时，致死率达到 100％，说明 DES 对 X1 酵母的致死作用较强。因此确定 X1 原生质体的化学诱变剂量为 2％DES 处理 10min。

表 5-12　X1 原生质体 DES 致死率

处理时间/min	活菌数/个	致死率
0	560	0
5	360	35.7%
10	98	82.5%
15	59	89.5%
20	18	96.8%
25	1	99.8%
30	0	100%

④ 诱变株的筛选

诱变株产酯结果见下表 5-13。

在进行微生物诱变育种时，诱变剂的选择是一个关键因素。需要了解诱变剂的诱变原理及出发菌株的遗传特性及诱变史。为保证得到性状优良的突变菌株，本试验采用了多种诱变方法对 X1 进行原生质体诱变，包括原生质体紫外诱变、原生质体化学诱变、原生质体复合诱变和原生质体再生诱变。最终从再生平板中共得到 46 株诱变株，其中，紫外诱变再生平板得到 11 株，化学诱变再生平板得到 8 株，复合诱变再生平板得到 7 株，再生诱变再生平板得到 20 株。将 46 株诱变株与出发菌株 X1 作对照发酵产酯试验。

由表 5-13 可知，相对于出发菌株 X1 乙酸乙酯产量有所提高的诱变株有 14 株，占所有突变株的比例为 30.4%。其中突变株 ZX2 产乙酸乙酯量最高，为 2.526g/L，相对于出发菌株 X1 产乙酸乙酯量提高了 18.3%。负突变株 ZX18 产乙酸乙酯量最低，仅为 1.372g/L。

表 5-13　诱变株产酯结果

菌株编号	乙酸乙酯/(g/L)	菌株编号	乙酸乙酯/(g/L)
X1	2.093	ZX24	2.080
ZX1	1.788	ZX25	1.988
ZX2	2.526	ZX26	2.092
ZX3	1.477	ZX27	1.668
ZX4	2.093	ZX28	2.175
ZX5	1.797	ZX29	1.975
ZX6	1.535	ZX30	2.113
ZX7	1.962	ZX31	1.606
ZX8	1.660	ZX32	1.737
ZX9	1.703	ZX33	1.563
ZX10	2.129	ZX34	1.720
ZX11	1.806	ZX35	1.866
ZX12	1.901	ZX36	1.682
ZX13	2.106	ZX37	1.823
ZX14	1.860	ZX38	2.508
ZX15	2.390	ZX39	2.116
ZX16	2.345	ZX40	2.199
ZX17	1.823	ZX41	1.915
ZX18	1.372	ZX42	2.111
ZX19	1.944	ZX43	2.315
ZX20	1.975	ZX44	1.887
ZX21	2.049	ZX45	2.138
ZX22	1.915	ZX46	2.013
ZX23	2.120		

因为选育的诱变株最终要应用于清香型小曲荞麦白酒的生产，不能仅仅只看产乙酸乙酯量这一个指标，还需对诱变株的环境耐受性进行考察，所以将产乙酸乙酯量提高的诱变株及与出发菌株产酯量相差不大的诱变株接种于 YEPD 液体培养，38℃生长 24h，考察其耐热性。结果见表 5-14。

表 5-14　诱变株耐热性

菌株编号	OD 值(600nm)	菌株编号	OD 值(600nm)
X1	0.406	ZX25	0.380
ZX2	0.397	ZX26	0.388
ZX4	0.315	ZX28	0.392
ZX7	0.362	ZX29	0.408
ZX10	0.441	ZX30	0.397
ZX12	0.384	ZX38	0.377
ZX13	0.335	ZX39	0.413
ZX15	0.407	ZX40	0.406
ZX16	0.412	ZX41	0.382
ZX19	0.366	ZX42	0.411
ZX20	0.379	ZX43	0.396
ZX24	0.427		

　　由表 5-14 可知，所有突变株与出发菌株 OD 值都很接近，说明突变株的耐热性能对比出发菌株没有多少变化，因此选取产酯量最高突变株 ZX2 作后续研究。

5.4.1.4　结论

　　从酒曲中分离筛选得到一株生香酵母菌株 X1，该菌株在产酯培养基（葡萄糖 8%，酵母膏 1%，蛋白胨 2%）中 30℃ 静置培养 4d，产乙酸乙酯和总酯分别为 2.135g/L 和 2.337g/L，乙酸乙酯产量占总酯的 91.4%。通过分子生物学方法对 X1 菌株 26SrDNA 进行鉴定，并结合 VITEK-32 全自动微生物菌种鉴定仪的鉴定，确认该酵母菌株 X1 为异常汉逊氏酵母（*Hansenula anomala*）。

　　采用原生质体紫外、化学、复合、再生四种诱变方法对 X1 菌株进行诱变育种，选育得到一株遗传性状稳定的突变株 ZX2，其产乙酸乙酯量为 2.526g/L，对比出发菌株 X1，ZX2 产乙酸乙酯量提高了 18.3%。

5.4.2　产酱香功能菌的筛选及其特征风味化合物的研究

5.4.2.1　材料

　　（1）样品

　　优质高温大曲，由白云边酒厂提供。

　　（2）培养基

　　平板分离培养基采用牛肉膏蛋白胨固体培养基：牛肉膏 3g，蛋白胨 10g，NaCl 5g，琼脂 20g，自来水 1000mL，pH7.2～7.4，121℃ 灭菌 20min。

　　富集培养基：牛肉膏蛋白胨固体培养基不加琼脂。

　　LB 培养基：蛋白胨 1g，酵母浸出汁 0.5g，NaCl 1g，水 100mL，pH7.0，121℃ 灭菌 20min。

　　大豆培养基：黄豆用水浸泡 12h，去皮，分装，每瓶 25g，121℃ 灭菌 30min。

　　麸皮固体培养基：麸皮 49.5g，葡萄糖 0.5g，加水 35mL，搅拌均匀后，115℃ 灭菌 30 min。

　　小麦固体培养基：干燥小麦麦粒破碎为麦沙、麦粉各半，加等量水，浸润 18h 后，蒸熟、冷却、打散，称取 50g 于三角瓶中，121℃ 灭菌 30 min。

　　麸皮浸出汁：小麦麸皮 100g，高温淀粉酶 1500 IU，加水 500mL，于 100℃ 蒸煮 10min。待冷却后，加入碱性蛋白酶 50000 IU，于 55℃ 保持 30min。过滤取上清液，pH6.2。$1×10^5$Pa 灭菌 20 min，使用前加葡萄糖至终浓度为 10g/L。

　　小麦浸出汁：将干燥小麦麦粒粉碎后，取麦粉 100g，按麸皮浸出汁方法制作。

　　固体发酵培养基：高粱：小麦：麦麸按照 1:1.1:0.2 的比例混合均匀后，固液比 10:7(g:mL)，分装（10g/瓶），121℃，灭菌 30min。

5.4.2.2　研究方法

　　（1）高温大曲的稀释分离

　　① 高温培养法

取 10g 高温大曲样品于装有 90mL 无菌水的三角瓶中，150rpm 振荡 30min。然后进行逐级稀释，取合适稀释倍数进行平板涂布。最后置于 50℃ 培养箱中进行培养。经过合适的培养时间，选择菌落形态明显差异的菌株分离、纯化、保藏。

② 热处理产芽孢法

取 5g 高温大曲样品于装有 50mL 富集培养基的三角瓶中，150rpm 振荡 1d。然后用 80℃ 水浴处理 30min。再逐级稀释，取合适稀释倍数进行平板涂布。最后置于 50℃ 培养箱中进行培养。经过合适的培养时间，选择菌落形态明显差异的菌株分离、纯化、保藏。

（2）菌种初筛

将稀释分离挑选得到的菌株接种于大豆培养基，按照 30℃、40℃、50℃ 顺序升温发酵，每温度下发酵 48h，发酵后观察并进行感官评价。发酵物用无水乙醇浸提 3h 后离心，取上清液于 490nm 处测吸光值。选择吸光值较高的菌株进行复筛。

（3）菌种复筛

① 种子液培养

将初筛得到的菌种活化后挑取一接种环于 LB 培养基中，150rpm，40℃ 条件下培养 12h。

② 液态发酵

将培养好的种子液分别接种于装有 50mL 的麸皮浸出汁和小麦浸出汁的三角瓶中。接种量为 5%，150r/min，55℃ 条件下培养 6d，发酵结束嗅闻。

③ 固态发酵

将培养好的种子液分别接种于装有 50g 麸皮培养基和 50g 小麦培养基的三角瓶中。接种量为 10%，55℃ 条件下培养 15d，发酵结束嗅闻。

发酵液的香味，按微香（＋）、香味明显（＋＋）、香味突出（＋＋＋）三个等级划分。三名品评人员在 20℃ 的环境下，对每个样品品评两次，得到最终评价结果。

（4）菌种分子生物学鉴定

采用 16S rDNA 序列分析法进行菌种鉴定。

（5）产酱香风味菌发酵物 HPLC 分析

① 固体发酵培养

250mL 三角瓶装料 10g，分别无菌接入产酱香风味菌 JX05 和对照 ZJX06 的种子液（专业术语，指具有一定活力的微生物培养物作为种子液，后续要接种到新的培养基中）1.0mL，按 30℃、40℃、50℃ 顺序升温发酵，各温度下发酵 2d。

② 发酵产物预处理

向各发酵产物中加入 50mL 去离子水，沸水浴浸提 3h，10000rpm 离心取上清，然后用 20mL 乙醚萃取，萃取液自然挥干后用 2mL 甲醇溶解，再次离心取上清即为待测样。将待测样进行紫外全波长扫描，确定最大吸收波长。

③ 色谱条件

色谱柱：ZORBAX Eclipse XDB C18（$5\mu m$，$250mm \times 4.6mm$）；检测器：紫外检测器，检测波长为 $\lambda = 230nm$；流动相：乙腈：水 $= 20 : 80$；柱温：$28°C$；流速：$1mL/min$；进样量：$20\mu L$。

（6）产酱香风味菌发酵液 GC-MS 分析

① 固体发酵培养

5%接种量于 100mL 麦麸浸出汁中发酵 6d，7000rpm 离心 15min 后取上清。

② 发酵液预处理

取发酵上清液 65mL，加 15.6g 饱和 NaCl 溶液，用 CH_2Cl_2 25mL 分别萃取两次。待分层后，收集萃取相，氮吹至 $500\mu L$。

③ 色谱条件

HP-5MS 毛细管柱（$30m \times 250\mu m \times 0.25\mu m$）；柱流量：$3mL/min$；分流比：$5 : 1$；载气：He；柱温条件：初始温度 $50°C$，维持 2min，再以 $10°C/min$ 升到 $230°C$，维持 10min；进样量：$1\mu L$。进样口温度：$250°C$；载气进入 MS 检测器，进样口与检测器温度：$250°C$。分离后的样品用 Agilent 5975C 检测。质谱条件 EI：电离源；电子能量：70eV；离子源温度：$230°C$；扫描范围：$30 \sim 550$amu。

5.4.2.3　结果与分析

（1）稀释分离结果

根据芽孢杆菌的特性，采用高温培养、热处理产芽孢两种方法，对曲样进行稀释分离，得到菌落形态明显差异的菌种共 8 株，分离结果如表 5-15 所示。采用高温培养法分离得到缺刻状、波纹状、毛绒状 3 种形态的单菌落；采用热处理产芽孢法分离得到仅波纹状一种形态的单菌落。高温大曲是由高温培菌制成，其中嗜热芽孢杆菌数量占优，因此高温培养法和热处理产芽孢法分离得到的菌落多数为芽孢杆菌，均能够耐高温。

表 5-15　菌株群体形态特征

菌株	形状	边缘	表面	干湿	透明	黏性	光泽	颜色	附着程度
JX01	不规则	毛绒状	皱褶	干燥	不	无	无	棕色	易挑
JX02	不规则	毛绒状	皱褶	湿润	不	无	有	棕色	易挑
JX03	圆形	毛绒状	光滑	湿润	不	有	有	棕色	易挑
JX04	不规则	毛绒状	皱褶	干燥	不	无	无	棕色	易挑
JX05	圆形	缺刻	光滑	湿润	有	有	有	肉色	不易挑
JX06	圆形	波纹状	皱褶	干燥	不	无	无	棕色	易挑
JX07	圆形	波纹状	皱褶	湿润	不	有	有	棕色	不易挑
JX14	圆形	毛绒状	光滑	湿润	有	有	有	棕色	不易挑

（2）菌种初筛

表 5-16　发酵大豆褐变度

项目	JX01	JX02	JX03	JX04	JX05	JX06	JX07	JX14
OD	0.257	0.480	0.888	0.353	0.693	0.630	0.314	0.665

从表 5-16 可以看出，通过大豆发酵实验可知，8 株嗜热菌发酵大豆产物提取液 OD600 的吸光度分布在 0.2~0.9 之间，表明它们经过发酵均不同程度地发生了褐变反应。部分菌种褐变反应剧烈，如 JX02、JX03、JX05 和 JX14，OD 值均比较高，其发酵产物也散发浓郁的香味。吸光度的测定结果说明，通过发酵温度的递增（30℃、40℃、50℃各 2d），能使曲料中细菌的分解产物很好地发生美拉德反应，出现褐变产香的效应。而吸光度可反映菌株发酵大豆产生褐变的程度，褐变度愈高表示其美拉德反应愈剧烈，其发酵物散发的香味也愈浓郁，因此选择 JX02、JX03、JX05、JX14 作为复筛菌株。初筛菌株菌体形态观察结果，见图 5-25。

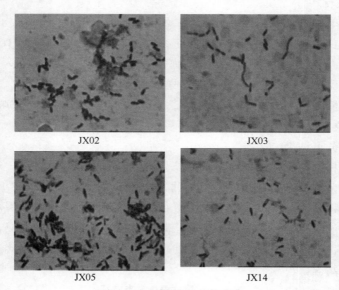

JX02　　　　　　　　　　　JX03

JX05　　　　　　　　　　　JX14

图 5-25　初筛菌株菌体形态

（3）菌种复筛

在产香细菌的复筛过程中，选择几种现有报道和改进的培养基，通过培养发酵后的感官评价，对产香细菌进行复筛。

初筛得到的 4 株细菌发酵结束，产香感官评价结果如表 5-17 所示。从表中可以看出，与其他菌株相比，JX05 在四种培养基中发酵产香的效果较好。复筛的细菌在麸皮固体培养基和麸皮浸出汁中产香效果较小麦固体培养基中好，分析原因，主要是因为麸皮较小麦中的蛋白质含量高，而产香细菌分泌的蛋白酶将原料中的蛋白质分解成氨基酸，为香气成分的形成提供底物，因此以麸皮为原料培养产香微生物更有利于其香气的形成。

表 5-17　产香感官评价结果

菌株	麸皮浸出汁	小麦浸出汁	麸皮固体培养基	小麦固体培养基
JX02	++	−	+	−
JX03	++	−	++	−
JX05	+++	+	+++	++
JX14	+++	++	++	+

注："−"表示不产香，"+"表示产香，"+"个数代表产香程度高低。

麸皮经高温淀粉酶和碱性蛋白酶处理变成麸皮浸出汁，其营养成分相比固体状态的麸皮更易被菌株生长繁殖所用，加之摇床振荡培养等因素，使麸皮浸出汁更有利于香味物质的产生。从产香结果上进行筛选，最终确定产酱香风味菌为 JX05。

（4）菌种鉴定

结合产酱香风味菌 JX05 的菌株形态、生理生化特征与 16S rDNA 分析结果，将 JX05 菌株鉴定为地衣芽孢杆菌（*Bacillus licheniformis*）。

（5）产酱香风味菌发酵产物 HPLC 分析

从图 5-26 可以看出，产酱香风味菌 JX05 经固体发酵培养产生的风味物质少于文献所报道的，分析原因可能是这些风味物质在样品处理过程中有一定损失，也可能是由于实验选择的紫外吸收波长并不适合某些风味物质，因此样品的处理方法和检测方法对风味物质检测结果的影响较为明显。但结合图 5-27 仍可看出对照和产香菌产生风味物质的差异：从培养基中萃取出来的物质经 HPLC 分析仅仅出了 4 个峰（包括溶剂峰），产酱香风味菌 JX05 的发酵产物中检测出的物质成分明显多于对照。产酱香风味菌 JX05 的发酵产物散发出香味，可能是由此次分析检测中较之对照多出的成分带来的。

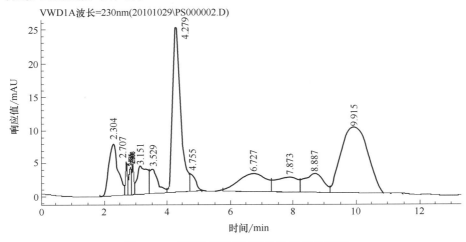

图 5-26　产酱香风味菌 JX05 的液相色谱图

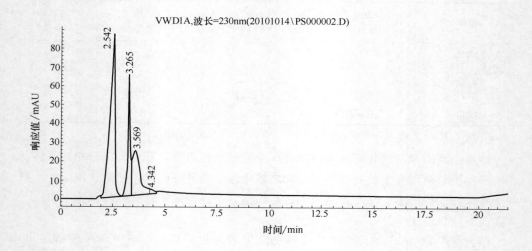

图 5-27　对照样的液相色谱图

（6）产酱香风味菌发酵液 GC-MS 分析

产酱香风味菌 JX05 的发酵液经液液萃取后进行 GC-MS 分析，结果见图 5-28 和图 5-29。从图谱上看出，产酱香风味菌 JX05 发酵液组分从 15min 后与对照出现较大差异。在 JX05 的发酵液中检出的挥发性组分见表 5-18。

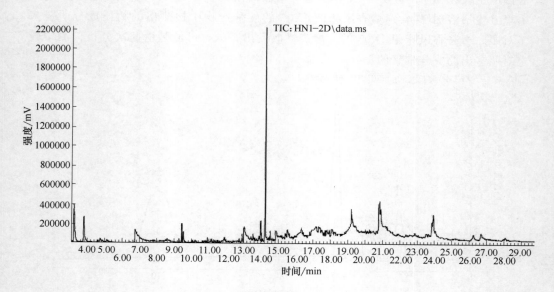

图 5-28　对照的 TIC 图

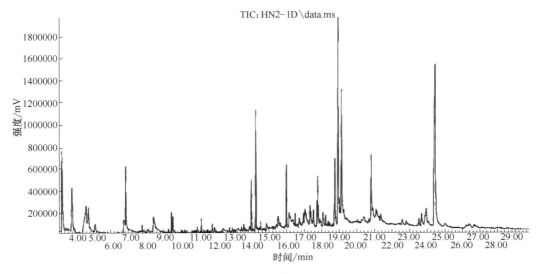

图 5-29　产酱香风味菌 JX05 的 TIC 图

从表 5-18 可以看出，产酱香风味菌 JX05 的发酵液中成分包括酸类、醇类、酯类、醛酮类和杂环类化合物。酱香型白酒中丁二酮含量较其他香型白酒中的高，发酵液中检出的 2，3-丁二醇是美拉德反应的中间产物，脱氢后变成丁二酮；发酵液中酯类化合物不多，但检测出高沸点的棕榈酸乙酯，这也符合酱香型及兼香型白酒酯含量不及浓香型多的特点。糠醛是酱香型白酒中较其他香型白酒含量偏高的一种特征物质，在产香菌发酵液中也被检测出，加之苯酚、乙酸乙酯、香草醛等具有香味的化合物共同组成了发酵液香味的来源。

文献中报道的吡嗪类化合物在产香菌发酵液中未检测出，可能与菌种的性能或分析方法有关。

表 5-18　产酱香风味菌发酵液中的风味化合物

化合物	英文名称	鉴定依据
2,3-丁二醇	2,3-Butanediol	MS
3-甲基丁酸	3-methylbutanoic acid	MS
月桂酸	Dodecanoic acid	MS
棕榈酸	n-Hexadecanoic acid	MS
肉豆蔻酸	Tetradecanoic acid	MS
油酸	Oleic Acid	MS
苯酚	Phenol	MS
乙酸乙酯	Hexanoic acidethyl ester	MS
愈创木酚	2-methoxy-phenol	MS
香草醛	Vanillin	MS
2-甲基-5-叔丁基噻吩	5-tert-Butyl-2-methylbenzenethiol	MS
紫丁香醇	2,6-dimethoxyphenol	MS

化合物	英文名称	鉴定依据
糠醛	Furfural	MS
棕榈酸乙酯	Palmitic acid ethyl ester	MS
月桂酸乙酯	Ethyl dodeconoate	MS
2-丁基辛醇	2-butyl-1-Octanol	MS
4-羟基-4-甲基-环己酮	4-hydroxy-4-methyl-Cyclohexanone	MS

5.4.2.4 结论

（1）通过高温培养法和热处理产芽孢法从兼香型白酒高温大曲中分离到 8 株嗜热芽孢杆菌，经大豆发酵初筛及产香发酵培养复筛得到一株产香功能良好的细菌，命名为 JX05。通过菌落及菌株形态观察，结合生理生化实验及分子生物学方法，鉴定为地衣芽孢杆菌（*Bacillus licheniformis*）。

产酱香风味菌 JX05 在麸皮浸出汁中发酵产香效果最优，麸皮固体培养基次之。在牛肉膏蛋白胨培养基上 55℃培养 24h，菌落呈圆形，灰色，凸起，边缘有细小绒毛，表面光滑，湿润，黏稠不易挑。

（2）采用 HPLC 分析了产酱香风味菌 JX05 固体发酵物成分与对照的差异，发现产香菌经固体发酵后的成分虽然没有文献中报道的丰富，可能与样品处理和检测方法相关，但是较之对照其成分则明显增多。

为探明产酱香风味菌 JX05 发酵过程中代谢产生的风味化合物成分，实验选择使用 GC-MS 对产酱香风味菌 JX05 的发酵液进行分析。GC-MS 分析结果显示，产酱香风味菌 JX05 的发酵液成分包括酸类、醇类、酯类、醛酮类和杂环类化合物，未检测出吡嗪类化合物。检测出的醇类化合物中的 2,3-丁二醇是美拉德反应的中间产物；发酵液中酯类化合物不多，但检测出高沸点的棕榈酸乙酯；酱香型白酒中较其他香型白酒含量偏高的糠醛被检测出，它和苯酚、乙酸乙酯、香草醛等具有香味的化合物共同组成了发酵液香味的来源。

5.4.3 酯化红曲霉的筛选

5.4.3.1 材料

（1）样品

含菌样品：各种酯化力强的大曲，选取优质中高温曲（曲块有红心者最佳）。

（2）培养基

麦芽汁琼脂培养基：麦芽汁 2%，琼脂 2%。

察氏培养基：$NaNO_3$ 0.3%，KH_2PO_4 0.1%，$MgSO_4$ 0.05%，KCl 0.05%，$FeSO_4$ 0.001%，蔗糖 3%，琼脂 2%。

PDA 培养基：马铃薯 200g，蔗糖 20g，琼脂 15~20g。方法：马铃薯去皮、切块煮沸 30min，然后用纱布过滤，再加蔗糖溶化后补足水至 1000mL，分装到三角瓶时再加琼脂。

麸皮汁琼脂培养基：麸皮 3.6％，$(NH_4)_2HPO_4$ 1％，K_2HPO_4 0.02％，$MgSO_4 \cdot 7H_2O$ 0.01％，琼脂 2％，先煮沸麸皮 30min 后过滤。

以上培养基均采用湿热灭菌：0.1MPa、121℃、20min。

5.4.3.2　研究方法

（1）样品稀释分离

采用稀释平板法，将样品用无菌生理盐水进行系列稀释，取合适的稀释度（一般三个稀释度），以涂布法接种于平板，具体方法按照下面的步骤进行。

① 制备菌悬液：分别在含 90mL 无菌水和有玻璃珠的 250mL 三角瓶中加入样品各 10g，振荡 30min，制成菌悬液。

② 涂布：选取适当的稀释度，平板涂布法接种于合适的培养基，每个稀释度做 3 个平行。将悬浮液作 10 倍递减稀释至适当浓度。

③ 培养：待接种悬液被培养基吸收后，倒置于 30～32℃恒温培养箱适温培养 7～8d。

（2）转接、纯化

从稀释平板上选取菌落初为白色，老熟后变红、紫色的菌落无菌操作转接到麦芽汁琼脂平板上于 32℃恒温培养 6～7d。如此循环直至出现纯净的红曲霉菌落，然后转接入麦芽汁琼脂斜面上。

（3）纯化程度鉴定

待长出红色菌种后，再将纯化培养的红色菌种挑取少许置于灭菌生理盐水中，摇匀，无菌条件下，取 1.0mL 悬液涂布于麦芽汁琼脂培养基上，观察平板上菌体生长情况。

（4）酯化酶活力的测定

准备好酶液，采用改进的电位滴定法测定总酯。

（5）生化参数的测定

① pH 值测定　电子 pH 计法。

② 糖化力的测定　铁氰化钾滴定法（参见 GB/T 13662—2000）。

③ 红色素色价的测定　吸取发酵液 1mL，加入装有 9mL 70％（体积分数）乙醇溶液的试管中，加塞、摇匀，静置 20min。用 70％（体积分数）乙醇溶液作空白对照，以 1cm 比色皿在 505 nm 波长下测定吸光度。最后以吸光值乘以发酵液的稀释倍数即为发酵液的色价（U/mL）。

（6）菌体形态观察

采用肉眼观察法和显微镜观察法。

（7）分子生物学鉴定

采用 26S rDNA 序列分析法进行鉴定。

（8）酯化红曲霉的生物学特性

① 生长温度范围实验

将分离到的红曲霉接入麦芽汁琼脂培养基，分别置于 20℃、25℃、30℃、35℃、40℃、42℃、45℃的培养箱中培养 7d。

② 最适生长温度实验

将分离到的红曲霉接入麦芽汁琼脂培养基，分别置于 20℃、25℃、30℃、35℃、40℃的培养箱中培养 8d，在 96h 与 168h 时测定菌落的直径。

③ 耐乙醇实验

将红曲霉菌接于种子斜面培养基，30℃下培养 7d 后，用无菌水冲洗制成孢子悬液，再取孢子悬液 1mL 分别加入 5％、10％、15％乙醇（体积分数）的液体培养基中，于 30℃下培养 5d。

④ 耐 pH 值实验

将红曲霉菌接于种子斜面培养基，30℃下培养 7d 后，用 5mL 无菌水冲洗，取孢子悬液 1mL，分别加入 pH 值为 2、3、4、6、8、9、11 的液体培养基，30℃下培养 6d。

5.4.3.3 结果与分析

（1）分离筛选结果

经过稀释分离得到 7 株红曲霉，将待测红曲霉菌株接入酯化用的液体培养基中，32～34℃培养 7d 用纱布过滤所得的上清液，测定酶液的酯化酶活力。

由表 5-19 可知：从大曲中分离得到的 7 株红曲霉均具有不同产酯化酶能力，其中Ⅱ菌株的酯化能力最强，选取此菌株进行余下的实验，命名为 CZ03。

表 5-19　7 株红曲霉酯化力的测定结果

酯化力/ （mg/100mL）	Ⅰ	Ⅱ	Ⅲ	Ⅳ	Ⅴ	Ⅵ	Ⅶ	空白
1	197.7	298.6	228.7	143.6	185.4	201.5	254.8	158.2
2	219.6	298.2	235.4	156.2	190.7	211.1	248.3	161.5
平均值	208.7	298.4	232.6	149.4	187.6	206.3	251.5	159.4

（2）菌落形态特征

红曲霉 CZ03 在不同培养基的菌落形态和菌落颜色等特征如图 5-30 所示，其菌落大小及其菌落形态描述如表 5-20 所示，在麦芽汁琼脂培养基上生长最快，在察氏琼脂培养基上生长最慢。

（3）菌株形态特征

在 400 倍显微镜观察红曲霉 CZ03 的菌丝体形态，见图 5-31。菌株形态特征为：菌丝体分枝甚繁、有隔，幼时有内含物，分生孢子梨形、无色，子囊果球形、无色、短柄。

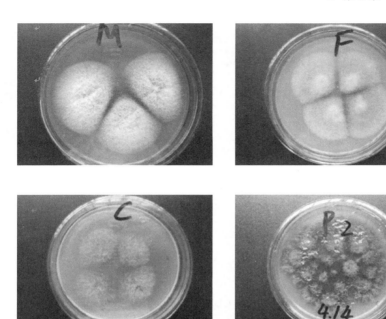

M-麦芽汁培养基；F-麸皮培养基；C-察氏培养基；P2-PDA 培养基

图 5-30　红曲霉 CZ03 在 4 种不同培养基中的生长情况

表 5-20　红曲霉 CZ03 在不同培养基中的形态

培养基	菌落形态	菌落颜色	菌落大小 /cm	生长速度
麦芽汁琼脂	菌落最大,稍凸起,有细小绒毛,疏松,具较强蔓延性	正面中间浅灰色,周边棕红色,背部紫红色	(3.5～4.5) ×(5.5～6.5)	快
麸皮琼脂	菌落较大,凸起,疏松,呈皮膜状,有放射状	正面中间浅粉色,背部红色	(3.0～4.0) ×(3.5～4.5)	较快
察氏琼脂	菌落小,凸起最高,呈绒毡状,疏松,蔓延性差	正面浅红色,背部红色	(2.5～3.0) ×(3.5～4.5)	慢
PDA 琼脂	菌落较大,稍凸起,疏松,呈绒毡状,蔓延性一般	正面中间浅粉色,背部深红色	(3.0～4.0) ×(4.5～5.5)	较快

（4）菌种鉴定结果

结合红曲霉 CZ03 菌株形态特征、生理生化指标和 26S rDNA D1/D2 区域序列分析,利用真菌鉴定手册的检索表,可知红曲霉 CZ03 菌株为子囊菌纲（Ascomgcetes）不整子囊菌目（Plectascales）曲菌科（Eurotiaceae）红曲菌属（*Monascus*）橙色红曲霉（*Monascus aurantiacus*）。

（5）酯化红曲霉生物学特性

① 生长温度范围实验

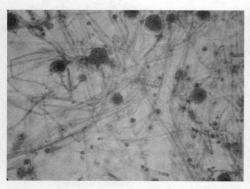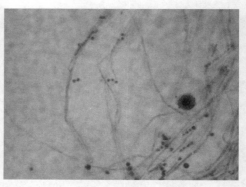

图 5-31　红曲霉 CZ03 在 400 倍显微镜下照片

以麦芽汁琼脂培养基作为实验培养基，测定红曲霉 CZ03 的生长温度范围，菌株在 20℃、45℃时均生长缓慢，其他温度生长正常，其生长温度范围为 20～45℃。结果见表 5-21。

表 5-21　温度对红曲霉 CZ03 生长影响的实验结果

温度/℃	20	25	30	35	40	45	50
生长情况	＋	＋	＋＋	＋＋＋	＋＋	＋	＋

注："—"表示不发育；"＋"表示生长正常；"＋＋"表示生长速度快。

② 最适生长温度

将分离到的红曲霉 CZ03 接入到麦芽汁琼脂培养基中，分别置于 20℃、25℃、30℃、35℃、40℃的培养箱中培养 8d。

由表 5-22 可知，红曲霉 CZ03 最适生长温度为 30～35℃时，菌落直径最大达到 50cm。

表 5-22　培养温度对红曲霉 CZ03 的菌落直径影响的实验结果

温度/℃	时间	20	25	30	35	40	45
菌落直径 /cm	96h	8	14	24	36	22	9
	168h	15	23	44	50	42	18

③ 耐乙醇实验

耐乙醇实验结果如表 5-23 所示，乙醇浓度为 5%（体积分数）时明显看到菌丝体生长，而加入 10%、15% 的乙醇（体积分数），液体培养基中不能判断是否有菌生长。

表 5-23　乙醇浓度对红曲霉 CZ03 生长影响实验结果

浓度/%	5%	6%	7%	8%	10%	15%
生长情况	＋＋＋	＋＋	＋＋	＋	—	—

注："—"表示菌株在该乙醇浓度下不生长；"＋"表示菌株在该乙醇浓度下能生长；"＋＋"表示菌株生长得比较好；"＋＋＋"表示菌株生长得非常好。

④ 耐 pH 实验

从表 5-24 中耐 pH 实验结果可知，红曲霉 CZ03 的最佳生长状态的 pH 值是 4.0 左右，而偏离这一 pH 值则生长受到影响，pH 超过 9.0，红曲霉 CZ03 就不再生长。

表 5-24　pH 对红曲霉 CZ03 生长影响实验结果

pH	3.0	4.0	6.0	7.0	9.0	11.0
生长情况	＋＋	＋＋＋	＋＋	＋＋	－	－

注："—"表示菌株在该 pH 值下不生长；"＋"表示菌株在该 pH 值下能生长；"＋＋"表示菌株生长得比较好；"＋＋＋"表示菌株生长得非常好。

（6）酸度、糖化力、色价

由表 5-25 可知，红曲霉 CZ03 具有较强的糖化力，这与红曲霉 CZ03 在发酵过程中能产很多酶有关，其中包括糖化酶；发酵液中酸度很低，与红曲霉 CZ03 嗜酸有关。

表 5-25　红曲霉 CZ03 的酸度、糖化力、色价

红曲霉 CZ03	酸度/(mmol/100g)	糖化力/[mg/(g·h)]	色价
	3.35	960	600

5.4.3.4　结论

① 从各地大曲中共分离到 7 株红曲霉，初筛以酯化力为指标，并结合菌落形态观察、菌株形态观察及生理生化试验，得到一株产酯化能力相对较强的红曲霉菌株——红曲霉 CZ03，酯化酶活力为 298.4 mg/100mL。

② 红曲霉 CZ03 菌株均能在麦芽汁、麸皮汁、PDA 琼脂培养基上生长，但在察氏培养基上生长比较差。在麦芽汁琼脂培养基上 32℃培养 168h，菌落直径达（4.2～4.8)cm×(5.5～6.5)cm，正面中间浅灰色，周边棕红色，背部紫红色。菌丝体分枝甚繁、有隔，幼时有内含物，分生孢子梨形、无色，子囊果球形、无色、短柄。

③ 结合红曲霉 CZ03 菌株形态特征、生理生化指标和 26S rDNA D1/D2 区域序列分析，利用真菌鉴定手册的检索表，可知菌株为橙色红曲霉（*Monascus aurantiacus*）。

④ 红曲霉 CZ03 的生长温度为 20～45℃，最适生长温度为 30～35℃，在 pH2.0～7.0 的范围内均能生长。在乙醇浓度是 5％（体积分数）左右生长比较好，耐乙醇浓度小于 10％。

5.5　固态荞麦酒自动化生产创新工艺研究

5.5.1　生香酵母在清香型荞麦白酒中的应用

5.5.1.1　材料

（1）样品

生香酵母菌株：实验室诱变选育得到酵母 ZX2。

酒精酵母：安琪耐高温酒精酵母。

荞麦：雁门清高苦荞麦。

绿衣观音土曲：由湖北枝江大曲酒业有限公司提供。

（2）培养基

液体 YEPD 培养基：葡萄糖 2％，酵母膏 1％，蛋白胨 2％。

产酯培养基：小麦糖化醪。

固体麸皮培养基：水 50％、麸皮 25g。

5.5.1.2 研究方法

（1）酿酒工艺流程

工艺流程：荞麦→泡粮→初蒸→闷水→复蒸→摊晾培菌→发酵→蒸酒。

泡粮：将洗干净的荞麦于 80～90℃温水中浸泡 4～5h，之后放去泡粮水干发。

初蒸：等待蒸汽上来以后，再将泡好的荞麦倒入蒸锅，一边蒸一边翻拌，蒸至苦荞壳开小口。

闷水：初蒸后将水淹过荞麦，于 95℃水中闷粮 2h，使粮食进一步吸水。

复蒸：以大火复蒸荞麦，等蒸汽出粮面，扣盖复蒸 50～60min。蒸至苦荞麦壳有一半开口。

摊晾培菌：将荞麦打散，冷却至 30℃左右，加入占糟醅重 1％的小曲并混匀，于 30～34℃培菌糖化 22～24h，至闻到甜香味。

发酵：先在坛底垫一层配糟，将培菌糖化好的甜糟倒入坛中压紧，再在甜糟上盖上配糟并压紧，将发酵坛用塑料袋封口，放于 30℃培养箱发酵 7d。

蒸酒：在蒸酒锅中加入一定量自来水，加热到冒热气，然后将发酵好的糟醅装入蒸酒锅，使糟醅均匀松散，调节好火力和冷凝水速度，保证出酒温度不要过高。1kg 糟醅蒸酒 150mL。

（2）培菌前、后强化生香酵母对产酒的影响

实验设计如下。

对照：按照本章 5.5.1.2（1）中酿酒工艺流程操作。

1♯：在加曲的同时加入活化 24h 的 ZX2 酵母液，1kg 粮食加 1mL。

2♯：在糖化培菌后的甜糟中加入活化 24hZX2 酵母液，1kg 糟醅加 10mL。

（3）液体生香酵母接种量对产酒的影响

实验设计如下。

对照：按照本章 5.5.1.2（1）中酿酒工艺流程操作。

1♯：在糖化培菌后的甜糟中加入活化 24h ZX2 酵母液，1kg 糟醅加 10mL；

2♯：在糖化培菌后的甜糟中加入活化 24h ZX2 酵母液，1kg 糟醅加 20mL；

3♯：在糖化培菌后的甜糟中加入活化 24h ZX2 酵母液，1kg 糟醅加 30mL；

4♯：在糖化培菌后的甜糟中加入活化 24h ZX2 酵母液，1kg 糟醅加 40mL；

5#：在糖化培菌后的甜糟中加入活化 24h ZX2 酵母液，1kg 糟醅加 50mL。

（4）生香酵母与酒精酵母复配对产酒的影响

实验设计如下。

对照：按照本章 5.5.1.2（1）中酿酒工艺流程操作

1#：在糖化培菌后的甜糟中加入活化 24h ZX2 酵母液，1kg 糟醅加 30mL；

2#：在糖化培菌后的甜糟中加入活化 24h 酒精酵母液，1kg 糟醅加 30mL；

3#：在糖化培菌后的甜糟中加入活化 24h ZX2 酵母液，1kg 糟醅加 20mL。同时加入活化 24h 酒精酵母液 10mL。

（5）培菌糖化前加生香酵母，培菌糖化后加酒精酵母对产酒的影响

实验设计如下。

对照：按照本章 5.5.1.2（1）中酿酒工艺流程操作。

1#：在糖化培菌前的粮食中加入活化 24h ZX2 酵母液，1kg 粮醅加 1mL；

2#：在糖化培菌后的甜糟中加入活化 24h 酒精酵母液，1kg 糟醅加 20mL；

3#：先在粮食中加入活化 24h ZX2 酵母液进行培菌糖化，1kg 粮醅加 1mL。在培菌糖化后，入池发酵时再加入活化 24h 的酒精酵母液 20mL。

（6）强化液体生香酵母与固体生香酵母对产酒的影响

实验设计如下。

对照：按照本章 5.5.1.2（1）中酿酒工艺流程操作。

1#：在糖化培菌后的甜糟中加入活化 24h ZX2 酵母液，1kg 糟醅加 20mL；

2#：在糖化培菌后的甜糟中加入培养 24h 的固体生香酵母，1kg 糟醅加 20 g；固体生香酵母的制作如下：将固体麸皮培养基灭菌冷却后，接种活化 24h 的 ZX2 酵母液体种子，摇匀之后于 30℃培养 24h。

（7）应用串蒸法对酒质的影响

实验设计如下。

对照样：按照本章 5.5.1.2（1）中酿酒工艺流程操作。

1#：将 ZX2 酵母在最优发酵条件下发酵产酯，然后把酯化液泼洒在发酵好的酒醅上进行串蒸，加入量为 100mL/1000g 糟醅；

2#：利用上一轮的酒糟，接种 ZX2 种子液后堆积制作固体香醅，然后与新鲜发酵好的酒醅进行串蒸，香醅置于酒醅之上，1kg 酒醅加 100g 香醅。

（8）固体香醅的制作

将一定量新鲜粮食——苦荞麦在 70～80℃水中泡 4～5h，然后混合上一轮发酵蒸酒后的糟醅，将其蒸熟。冷却后加入少量小曲和糖化酶，接种 ZX2 酵母种子液。堆积培养 24h，然后入坛发酵制成固体香醅。

（9）总酸、酒精度、总酯的测定

按国标 GB/T 10345—2007 方法检测。

（10）乙酸乙酯、乳酸乙酯、杂醇油的测定

乙酸乙酯、乳酸乙酯、杂醇油的测量采用气相色谱法，色谱条件如下：气相色谱仪为 HP 5890S Ⅱ；FID 检测器；色谱柱：HP-INNOWax 交联石英毛细管柱；检测器温度：260℃；进样口温度 250℃；内标物为乙酸正戊酯；升温程序：50℃ 保持 3min，之后以 10℃/min 升温至 100℃，再以 30℃/min 升温至 220℃并保持 1min；空气流量：300mL/min，氢气流量：20mL/min，氮气流量：20mL/min；分流比：1/30；柱流量：1mL/min；进样量 1μL。

5.5.1.3 结果与分析

（1）培菌前、后强化生香酵母对产酒的影响

由表 5-26 可知，添加生香酵母进行培菌糖化，再入池发酵，对产酒率有较大影响，会导致产酒率下降较多。而在培菌糖化后添加生香酵母对产酒率影响不大。无论采用哪种方法添加生香酵母都能够提高总酸、总酯、乙酸乙酯及乳酸乙酯的含量，而且培菌糖化前添加生香酵母比培菌后添加生香酵母总酸、总酯含量的提高要多，这可能是因为培菌前添加生香酵母，培菌时的环境适合生香酵母生长，导致其大量繁殖，因此其产酸产酯多，进而也抑制了酿酒酵母的生长，出现产酒率下降较多的现象。同时也可以看出，添加生香酵母后酒中乳酸乙酯及杂醇油会有所增加，但是乙酸乙酯和乳酸乙酯的比例却是增大的，因此添加生香酵母还能使香气更加协调，口感更佳。

表 5-26 培菌前、后强化生香酵母对产酒的影响

项目	样品		
	对照	1#	2#
酒精度/%	42	35	44
总酸/(g/L)	0.600	0.820	0.650
总酯/(g/L)	1.149	1.384	1.314
乙酸乙酯/(g/L)	0.278	0.533	0.339
乳酸乙酯/(g/L)	0.303	0.410	0.460
杂醇油/(g/L)	0.521	0.603	0.584

（2）液体生香酵母接种量对产酒的影响

通过表 5-26 可知，培菌前添加生香酵母对产酒率影响较大。因此后续试验采用培菌后添加生香酵母的方法，探讨产酯酵母添加量对产酒的影响。由表 5-27 可知，随着生香酵母添加量的增加，总酸、总酯的量是逐渐增加的，都要高于对照组。但是，随着生香酵母添加量的增加，产酒率逐渐下降。并且，乙酸乙酯的含量并不是随酵母添加量的增加而增加，而是出现先上升后下降的现象，当添加量为 30mL/1kg 糟醅时，乙酸乙酯含量最高，为 0.604g/L。因此，添加生香酵母不是越多越好，而应该适宜。

（3）生香酵母与酒精酵母复配对产酒的影响

由表 5-28 可知，采用培菌后添加生香酵母的方法，当酵母添加量达到一定值

后，乙酸乙酯量反而下降，且酵母添加量过多会对产酒率有影响。而采用培菌前添加生香酵母虽然乙酸乙酯增加的比例较大，但对产酒率影响很大。因此本试验把生香酵母和酒精酵母结合应用，试图来解决这一矛盾。由表 5-28 可知，单独加入酒精酵母出酒率增加很多，而总酸、总酯、乙酸乙酯、乳酸乙酯都比对照低。将生香酵母和酒精酵母混合使用，出酒率比对照高，但没有单独添加酒精酵母的出酒率高，且总酸、总酯、乙酸乙酯、乳酸乙酯也比对照低。说明酒精酵母的加入虽然会大大提高出酒率，但也会造成其他风味物质的大量减少。

表 5-27　液体生香酵母接种量对产酒的影响

项目	样品					
	对照	1#	2#	3#	4#	5#
酒精度/%	46	44	44	43	42	40
总酸/(g/L)	0.420	0.504	0.480	0.600	0.636	0.720
总酯/(g/L)	1.267	1.355	1.408	1.478	1.566	1.611
乙酸乙酯/(g/L)	0.414	0.423	0.478	0.604	0.560	0.499
乳酸乙酯/(g/L)	0.347	0.392	0.568	0.563	0.630	0.519
杂醇油/(g/L)	0.562	0.627	0.656	0.645	0.683	0.676

表 5-28　生香酵母与酒精酵母复配对产酒的影响

项目	样品			
	对照	1#	2#	3#
酒精度/%	49	45	59	56
总酸/(g/L)	0.720	0.804	0.396	0.324
总酯/(g/L)	0.936	1.180	0.643	0.755
乙酸乙酯/(g/L)	0.384	0.476	0.315	0.343
乳酸乙酯/(g/L)	0.378	0.468	0.250	0.352
杂醇油/(g/L)	0.548	0.633	0.478	0.491

（4）培菌糖化前加生香酵母、培菌糖化后加酒精酵母对产酒的影响

由表 5-29 可知，在培菌后同时添加生香酵母和酒精酵母，只能提高出酒率，而其他风味物质相比对照减少。考虑到培菌前添加生香酵母，风味物质提高较多，而出酒率降低，所以采用培菌前加生香酵母，培菌后再加入酒精酵母的方法来试图解决这一问题。由表 5-29 可知，3# 样的总酸总酯、乙酸乙酯、乳酸乙酯都高于 2# 样，而相比于对照样，虽然出酒率有较大提高，但乙酸乙酯量只有稍许上升，而且总酸、总酯却低于对照。通过前面实验可知，酒精酵母的加入只能提高出酒率，而且对酒的风味有很大影响。所以在白酒的生产中不能一味注重出酒率而过多使用酒精酵母，这样会造成酒质的下降。

（5）强化液体生香酵母与固体生香酵母对产酒的影响

由表 5-30 可知，2# 样出酒率最低，说明添加固体生香酵母比添加液体生香母对出酒率的影响更大。2# 样总酸最高，乙酸乙酯比对照高，却低于 1# 样，可

能是固体生香酵母种子中细胞数多于相同质量的液体种子，致使酸生成量增加。同时由于固体麸皮培养基的存在导致生成其他种类的酯多，而代谢产生乙酸乙酯变少。因此添加液体生香酵母要优于添加固体生香酵母。

表 5-29　培菌糖化前加生香酵母、培菌糖化后加酒精酵母对产酒的影响

项目	样品			
	对照	1#	2#	3#
酒精度/%	47	40	59	60
总酸/(g/L)	0.444	0.672	0.204	0.252
总酯/(g/L)	0.748	1.048	0.449	0.562
乙酸乙酯/(g/L)	0.231	0.366	0.189	0.249
乳酸乙酯/(g/L)	0.288	0.317	0.176	0.233
杂醇油/(g/L)	0.496	0.526	0.447	0.480

表 5-30　强化液体生香酵母与固体生香酵母对产酒的影响

项目	样品		
	对照	1#	2#
酒精度/%	54	50	44
总酸/(g/L)	0.372	0.480	0.588
总酯/(g/L)	1.021	1.197	1.197
乙酸乙酯/(g/L)	0.304	0.417	0.332
乳酸乙酯/(g/L)	0.342	0.411	0.357
杂醇油/(g/L)	0.514	0.575	0.562

（6）应用串蒸法对酒质的影响

由表 5-31 可知，1#样和 2#样的总酯与乙酸乙酯含量大大高于对照组，而酒度、总酸、乳酸乙酯、杂醇油和对照组差不多。证明串蒸法能够有效地提高酒中总酯和乙酸乙酯的含量，而且不会影响其他组分的变化。比较 1#样和 2#样可知，采用液体酯化液串蒸比采用固体香醅串蒸总酯、乙酸乙酯提高得更多，而且固体香醅的制作比较烦琐，产品质量不易控制，工作量更大。而制作液体酯化液操作简单，技术容易掌握，产品质量稳定，产酯率也高。所以液体酯化液串蒸的方法要优于固体香醅串蒸的方法。当采用液体串蒸法时可以根据需要控制酯化液和酒醅比例来得到不同级别的产品，因此采用此种方法也有利于酒质的控制。但是应用此种方法还是需要增加一定的设备及劳动力，所以在采用这种方法之前需进行成本核算，保证效益。

表 5-31　应用串蒸法对酒质的影响

项目	样品		
	对照	1#	2#
酒精度/%	42	43	41
总酸/(g/L)	0.600	0.540	0.627

续表

项目	样品		
	对照	1#	2#
总酯/(g/L)	1.149	3.397	2.598
乙酸乙酯/(g/L)	0.278	2.640	1.685
乳酸乙酯/(g/L)	0.331	0.365	0.374
杂醇油/(g/L)	0.528	0.537	0.551

5.5.1.4　结论

无论培菌前还是培菌后强化生香酵母,都能够提高总酸、总酯、乙酸乙酯、乳酸乙酯的含量,而且可以提高乙酸乙酯比例,使香气更加协调,口感更佳;但是采用培菌前强化生香酵母的方法对出酒率影响比培菌后大。当采用培菌后强化生香酵母的方法时,生香酵母液体种子接种量为3%时,乙酸乙酯含量提高最多,相比对照提高了45.7%。生香酵母液体种子接种量超过3%后酒中总酯虽有增加,但乙酸乙酯反而减少,且对出酒率有较大影响;同时强化生香酵母和酒精酵母不能达到既提高酯产量又提高出酒率的目的;强化液体生香酵母要优于强化固体生香酵母;采用串蒸能够很好地提高总酯及乙酸乙酯含量,且液体酯化液串蒸的方法要优于固体香醅串蒸的方法。

5.5.2　产酱香风味菌在酱/浓酱兼香荞麦白酒生产中的应用

5.5.2.1　实验材料

(1) 菌种

产香嗜热芽孢杆菌 JX05、耐高温糖化酶产生菌 TH03,实验室筛选并保存的菌种。

不产香嗜热芽孢杆菌 CJX08,诱变育种得到。

(2) 培养基

LB 培养基:蛋白胨 1%,NaCl 1%,酵母浸膏 0.5%,蒸馏水 100mL,pH7.5,121℃灭菌 20min。

牛肉膏蛋白胨固体培养基:牛肉膏 3g,蛋白胨 10g,NaCl 5g,琼脂 20g,自来水 1000mL,pH7.2~7.4,121℃灭菌 20min。

5.5.2.2　实验方法

(1) 产酱香风味菌模拟固态发酵研究

1) 细菌麸曲的制作

① 将纯化的菌株 JX05、TH03 和 CJX08 斜面试管菌种蘸取少许,在牛肉膏蛋白胨培养基上划线分离,50℃恒温培养箱适温培养 1~2d。挑取单菌落继续划线分离,如此循环直至出现纯净的单菌落为止。

② 产酱香风味菌麸曲的制作

将纯种单菌株 JX05 和 TH03 分别转接入装有 25mL 种子培养基的 150mL 三角瓶中，置于摇床 37℃培养 48～60h。将液体菌种摇匀，分别按接种量 3.5％接入麸皮培养基中，搅拌均匀，放入恒温培养箱中，50℃培养 3～5d。取出放入 40℃烘干箱中烘干，备用。

③ 不产酱香细菌麸曲的制作

将纯种单菌株 CJX08 转接入装有 25mL 种子培养基的 150mL 三角瓶中，置于摇床 37℃培养 48～60h。将液体菌种摇匀，按接种量 7％接入麸皮培养基中，搅拌均匀，放入恒温培养箱中，50℃培养 3～5d。取出放入 40℃烘干箱中烘干，备用。

2）模拟固态发酵

模拟固态发酵工艺应遵循白酒生产工艺进行，但要根据实验室的实际条件，对相关过程进行最大限度的模拟或调整，具体流程如下：

原料处理→破碎→润粮→蒸粮→摊晾→加高温曲、麸曲→高温堆积→入罐发酵。

① 原料处理

兼香型白酒酿造的主要原料是高粱和荞麦，对于原料的要求是 80％的整粒高粱，20％的破碎成 2～4 瓣、带壳荞麦，用淹没粮食的水浸泡 12h，然后加热至 70～80℃，浸泡半小时左右，让其充分吸水后，将水倒掉，加入 10％上年度留下来的末轮酒醅，搅拌均匀，用实验室自制蒸锅进行蒸粮。蒸粮时间控制在 100min 左右。要求蒸匀、蒸熟，以无生心为度，不要蒸得过熟。

② 摊晾

实验室模拟条件是将蒸好的粮食摊在平板上冷却至 30℃或室温。

③ 加高温曲

采用三种加曲方案，分别是：a. 直接采用生产用曲作为空白试验，高温大曲添加量为投料总量的 13％；b. 采用生产用高温大曲，添加一定量 1％的产酱香风味菌麸曲进行试验；c. 采用生产用高温大曲，添加一定量 1％的不产香细菌麸曲进行试验。

④ 高温堆积

加入适量大曲和细菌麸曲之后，待堆温升至 55～60℃时，喷洒 2％～3％上年度的末轮酒尾，以调节酸度并且增加香味成分，用广口瓶进行密闭发酵 1 个月。

⑤ 入窖池发酵：模拟酒厂的窖池发酵，整个发酵过程中容器要密封严实，发酵周期为 1 个月。

3）蒸酒

将发酵周期满的酒醅取出蒸酒，除去酒头和酒尾后的酒成为基酒，进行后续实验。对基酒进行理化指标和气相色谱分析。

（2）强化大曲的制作

取产酱香风味菌 JX05 和耐高温糖化酶产生菌 TH03，在无菌条件下分别挑取少许菌体，转接于无菌牛肉膏蛋白胨试管培养基中，在 45～50℃ 培养 24h，即为一级试管斜面种子。在 250mL 的三角瓶中加入 50mL LB 培养基，于 121℃ 高压灭菌 20min，在无菌条件下，分别接入试管斜面种子，于 40℃、150r/min 条件下摇瓶培养 24h，即为二级三角瓶种子。

将新鲜麸皮加水拌和后，分装于 250mL 三角瓶中，121℃ 高压灭菌 20min，冷却后接种，接种量为 5%（JX05 和 TH03 各 2.5%），37℃ 培养 3d，即为种子扩大培养。将新鲜麸皮加水拌和后 121℃ 灭菌 20min，取出后冷却接种，分装于曲盘，37～45℃ 培养 3d，即为曲盘培养。将新鲜麸皮加水拌和后 121℃ 灭菌 20min，取出后冷却接种，接种量 5%，通风培养 72h，备用，即为厚层通风培养，得到细菌麸曲。将细菌麸曲与成品高温曲母混匀后，以 5% 的接种量接种于制大曲的原料中，混匀，加水拌和后踩曲，按传统方法进行培菌管理，培养一个月后，出曲存放三个月备用，最后得到强化大曲。

（3）强化大曲的应用

菌种应用途径研究采用三种方案：a. 采用强化曲试验；b. 采用酒厂生产用成品高温曲作为对照；c. 采用酒厂生产用成品高温曲，添加一定量的强化大曲进行试验。

1）高温堆积酒醅升温试验

将蒸好的粮食出甑，适当补充量水，在晾堂上扬冷至 30℃ 或平室温，分别下12% 强化曲（A 方案）、13% 高温曲（B 方案）、12% 高温曲＋0.3% 强化曲（C 方案），拌和均匀后，运至堆积场地收成圆锥形堆，堆积 2～3d。

2）发酵过程中微生物分析试验

堆积结束后，即可开堆入窖发酵，三个窖池分别放入添加 A、B、C 三种方案制作大曲的酒醅，发酵时间为 30d。在发酵过程中，检测窖池内微生物变化情况及酒醅出池情况。

3）强化大曲在白酒生产中的应用试验

将 1000kg 粮粉加入母糟、熟糠配糟、蒸料，摊晾至 20～30℃ 后，分别各取100kg A、B、C 方案大曲粉拌入糟醅，堆积，入窖发酵 30d 后蒸酒。

保持兼香型白酒生产工艺不变，选择两个发酵池，其中一池添加酒曲量为白曲16%、酵母 4% 作为对照；另一池添加酒曲量为白曲 15%、酵母 3% 和 2% 强化曲。每池投料 800kg，发酵 30d 后蒸酒。

5.5.2.3　结果与分析

（1）产酱香风味菌模拟固态发酵研究

1）堆积期间微生物变化分析

分别取堆积第 1 天、第 2 天、第 3 天的样品各 10g，加入到装有 90mL 无菌生理盐水带玻璃珠的三角瓶中，置于 120r/min 摇床中，使其中的玻璃珠混匀样品，30min 后取出，用移液枪吸取 1mL 菌悬液于装有 9mL 无菌生理盐水的试管中梯度稀释，然后进行平板涂布，37℃ 培养 1～2d。

① 细菌在堆积过程中数量和种类的变化

在发酵第 0 天、第 1 天、第 2 天、第 3 天细菌的数量变化如图 5-32 所示。从图 5-32 中可以看出细菌的数量起初是随着堆积时间的延长而逐渐增多的，可能是因为随着时间的延长，发酵温度逐渐升高，使得一些不耐高温的酵母和霉菌等微生物急剧减少，而一些耐高温细菌存活下来，并且大量繁殖，使得细菌的数量呈上升趋势。然而随着温度继续上升，部分不能耐高温的细菌也相继死亡，所以细菌数量的变化趋势又逐渐下降，直到温度恒定后，细菌的数量呈现平衡的趋势。分别到每种应用方案而有所区别。A 方案：单独加入高温大曲，未添加细菌麸曲，其细菌数量较少，而且种类也相对单一。B、C 方案加入高温大曲的同时，加入细菌麸曲，其细菌的数量和种类较 A 方案多。这说明细菌麸曲的加入在堆积过程中起着至关重要的作用。

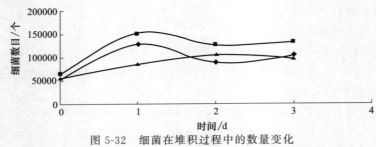

图 5-32　细菌在堆积过程中的数量变化

注：▲曲线代表 A 方案；■曲线代表 B 方案；◆曲线代表 C 方案

② 酵母在堆积过程中数量和种类的变化

酵母在堆积过程中的数量和种类变化如图 5-33 所示。酵母的数量整体上是随着时间的延长先升后降的，究其原因可能是因为在堆积初期，来源于空气、场地的酵母适应粮堆的温度，因此堆积初期其数量是呈上升趋势的，但是随着时间的延长，堆积温度逐渐升高，此时淘汰了大量的酵母等微生物，因此堆积后期又处于下降趋势。

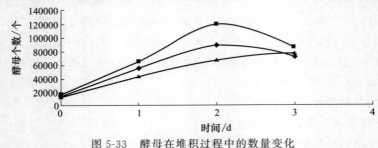

图 5-33　酵母在堆积过程中的数量变化

注：▲曲线代表 A 方案；■曲线代表 B 方案；◆曲线代表 C 方案

③ 霉菌在堆积过程中数量和种类的变化

从图 5-34 可以看出，霉菌的数量起初随着温度的上升逐渐增多，因为在堆积初期较适宜各类微生物的生长，而且种类较多，多为毛霉属、根霉属、曲霉属。随着堆积时间的延长，发酵温度的升高，霉菌的数量呈现下降的趋势，后期霉菌的数量急剧减少，但种类特别突出，以毛霉为主。

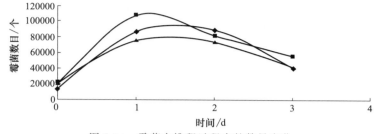

图 5-34　霉菌在堆积过程中的数量变化

注：▲曲线代表 A 方案；■曲线代表 B 方案；◆曲线代表 C 方案

2）堆积期间理化指标分析

分别选取第 1 天、第 2 天、第 3 天的样品若干克，用烘干法测定水分，中和法测定酸度，兰-爱农法测定淀粉含量，斐林法测定糖化力，碘反应褪色法测定液化力，福林酚法测定蛋白酶活力。

表 5-32　堆积期间理化指标测定结果

组分	第 0 天	第 1 天	第 2 天	第 3 天
水分/%	14.05	13.0	12.14	10.65
酸度/度	0.65	1.02	1.43	1.56
淀粉/%	57.6	61.2	64.4	59.2
液化力/[g/(g·h)]	1.24	1.67	1.55	1.48
糖化力/[mg/(g·h)]	10.5	12.4	11.2	10.8
蛋白酶活力/[μg/(g·min)]	76.5	82.7	84.5	88.2

从表 5-32 中可以看出，堆积过程中水分是逐渐减少的，可能是由于随着堆积时间的增加，堆积温度逐渐上升，水分被部分蒸干，部分为粮食发酵所吸收；其酸度的变化呈现上升趋势，可能是蛋白酶活力高的原因，因为酸度的形成主要是来源于生酸微生物的有机酸代谢，脂肪、淀粉和蛋白质的降解；淀粉的含量是先升后降的，分析其原因：一是能够分解淀粉的霉菌数量是先升后降的，二是随着堆积温度的上升，部分生淀粉变形，不能被淀粉酶分解成糊精或葡萄糖；糖化力的变化是呈现先升后降的趋势，因为原料本身就具备一定的糖化能力，开始堆积后，随着品温的升高，糖化酶活力下降，但随着升温时微生物大量的繁殖，糖化力便开始回升。液化力和糖化力的变化趋势与霉菌的生长繁殖密切相关，糖化率高意味着淀粉的利用率较高。蛋白酶主要是由嗜热芽孢杆菌在代谢过程中分泌而来的，蛋白质被分解为氨基酸，因此蛋白酶活力的变化趋势是逐渐升高的，因为随着温度的上升，相当于进行了一次嗜热芽孢杆菌的富集。

3）基酒的分析结果

① 基酒的感官评价

应用产酱香风味菌麸曲生产的基酒外观与普通基酒和加入对照细菌麸曲生产的

基酒相同，酒液清亮透明，无杂质，但口感清香，乙酸乙酯香气明显，无杂味，气味令人愉快。

② 基酒理化指标的测定结果

从表 5-33 所示的基酒的理化指标测定结果来看，加入产酱香风味菌麸曲制成的基酒其总酸和总酯含量较普通基酒高，且酒精度也较高，分析其原因可能是因为加入细菌麸曲的基酒在发酵过程中其优势细菌充分生长，所代谢产生的酶类分解原料又为美拉德反应提供充足的底物，进一步促进美拉德反应的进行，进而改善基酒的风味。

表 5-33　理化指标测定结果

样品	总酸/(g/L)	总酯/(g/L)	酒精度/%(体积分数)
普通基酒	0.1258	0.4526	49.8
产酱香风味菌麸曲基酒	0.2068	0.5248	55.6
不产酱香风味菌麸曲基酒	0.3656	0.4865	36.5

③ GC 分析结果

气相色谱分析可以快速分析白酒中的呈香、呈味物质，基于保留时间一定的原理，在预先设定好的色谱条件下，经两次平行进样，测得基酒样品的气相色谱图如图 5-35～图 5-37 所示。当保留时间定性后，在色谱条件和操作过程相同的情况下，用内标法测定基酒各组分的含量。

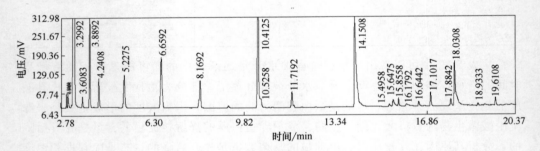

图 5-35　对照基酒气相色谱图

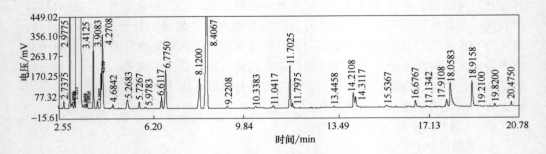

图 5-36　产酱香风味菌麸曲基酒气相色谱图

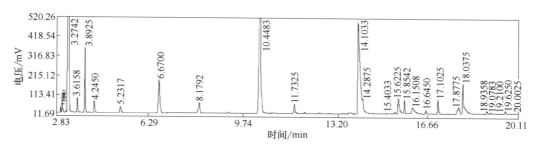

图 5-37　不产香细菌麸曲的基酒气相色谱图

与兼香型白酒风味密切相关的特征香味组分，如庚酸、庚酸乙酯、糠醛、异丁酸、丁酸等在基酒中基本上都有检出，并且呈现出一定的规律，添加产酱香风味菌麸曲的基酒其特征香味组分的含量较对照和添加不产香细菌麸曲的基酒多。通过分析结果可以看出，添加产酱香风味菌麸曲的基酒其香味组分含量及种类也较对照和添加不产香细菌麸曲的基酒多，可以得出添加的产酱香风味菌麸曲对于白酒的发酵起到非常积极的作用，例如添加产酱香风味菌麸曲的基酒具有明显的乙酸乙酯香气，而且其含量也较另外两种基酒含量高。

（2）高温堆积酒醅升温试验结果

对兼香型白酒生产中环境温度较低的第四轮进行了堆积过程中温度统计及微生物数量分析，结果见表 5-34 和表 5-35。

表 5-34　第四轮堆积过程中温度统计　　　　　　　　单位：℃

编号	环境温度	下曲温度	收堆温度	开堆温度	温幅
A	6.8	45.3	39.5	40.6	1.1
B	5.6	46.0	36.5	43.1	6.6
C	4.5	47.1	36.8	52.1	15.3

表 5-35　高温堆积过程中微生物总数变化情况　　单位：cfu/g 酒醅

编号	0d	1d	2d	3d	4d	5d
A	3.1×10^4	4.1×10^4	5.1×10^5	1.0×10^6	7.0×10^5	2.3×10^5
B	3.9×10^4	4.9×10^4	5.1×10^5	6.0×10^5	1.2×10^6	5.1×10^5
C	2.7×10^4	5.9×10^5	7.1×10^6	1.2×10^6	2.1×10^6	4.2×10^6

从表 5-34 可知，在环境温度 5℃左右的情况下，C 方案堆积时间短而堆积顶温最高，B、A 方案则相反；微生物数量分析显示（见表 5-35），堆积第 5 天微生物总数以 C 方案为最，B 方案次之，其中细菌在堆积过程中始终占优势。实验结果表明，在酒醅中添加嗜热菌对酒醅升温起到了重要作用。

（3）发酵过程中微生物分析试验结果

30d 出窖的酒醅细菌数：A 方案为 4.2×10^5 cfu/g 酒醅，B 方案为 2.1×10^5 cfu/g 酒醅，C 方案为 7.1×10^6 cfu/g 酒醅，且这些细菌绝大多数为芽孢杆菌，嗜

热产香菌的比例达到 75％；由表 5-36 可知，添加了细菌麸曲的 A 和 C 淀粉利用率较高，糖分累积少，出酒率均高于对照大曲。实验结果表明，产香风味菌对酒中香气成分的形成起着较大作用，强化曲中的产香风味菌能够提升出酒率。

表 5-36　第四轮发酵酒醅入出池情况

编号	淀粉％			糖分％			出酒率 /％
	入池	出池	差	入池	出池	差	
A	27.0	23.1	3.9	3.3	4.0	0.7	2.92
B	27.3	25.6	1.7	3.5	2.4	−1.1	2.16
C	25.5	19.9	5.6	2.7	1.5	−1.2	6.26

（4）强化大曲在白酒生产中的应用试验结果

出酒分析结果如表 5-37 及表 5-38 所示。三种方案微量成分相差不大，在酒醅中直接添加强化曲能够保持原酒风格。C 方案出酒清澈透明，酱浓协调，风格典型。

表 5-37　产酒质量的感官评定

编号	评语	评分
A	清澈透明,酱浓协调,风格欠佳	87.5
B	清澈透明,酱浓协调,风格一般	89
C	清澈透明,酱浓协调,风格典型	91

表 5-38　主要成分含量　　　　　　　单位：mg/100mL

编号	乙酸乙酯	丁酸乙酯	戊酸乙酯	己酸乙酯	乳酸乙酯
A	189.690	42.295	10.836	130.981	174.010
B	172.04	41.096	13.376	138.210	208.714
C	186.500	35.730	14.075	119.190	272.140

（5）强化大曲在兼香型白酒生产中的应用试验结果

出酒分析结果如表 5-39 所示。添加了强化曲后出酒率提高 4.15％，出酒酱香更突出，入口醇和，更接近于兼香型白酒风味特征。

表 5-39　产香风味菌应用于白酒生产效果

类型	出酒率/％	感官评定	评分
对照	40.70	清澈透明,酱香一般,味苦涩	89
添加强化曲	44.85	清澈透明,酱香突出,酒体尚可	92

5.5.2.4　结论

本节研究了产酱香风味菌在酱/浓香兼香荞麦白酒生产中的应用。

（1）将产香菌和不产香菌分别制成细菌麸曲进行模拟固态发酵生产白酒试验，堆积过程中微生物分析结果说明，细菌麸曲的加入在堆积过程中起着至关重要的作用。堆积过程中，糟醅酸度的变化呈现上升趋势，淀粉的含量先升后降，糖化力呈现先升后降的趋势，随着堆积温度的上升，相当于进行了一次嗜热芽孢杆菌的富集，造成其蛋白酶活力的逐渐升高。

应用产酱香风味菌麸曲生产的基酒外观与普通基酒和加入对照细菌麸曲生产的基酒相同，酒液清亮透明，无杂质，但口感清香，酯香明显，无杂味。加入产酱香风味菌麸曲制成的基酒其总酸和总酯含量较普通基酒高，且酒精度也较高。

应用气相色谱分析蒸出的基酒成分，发现与兼香型白酒风味密切相关的特征香味组分，如庚酸、庚酸乙酯、糠醛、异丁酸、丁酸等在基酒中基本上都有检出，并且呈现出一定的规律，添加产酱香风味菌麸曲的基酒其特征香味组分的含量较对照和添加不产香细菌麸曲的基酒多。

（2）利用产香嗜热芽孢杆菌 JX05 和耐高温糖化酶产生菌 TH03 制备的强化大曲，有浓郁的特殊曲香，表面灰白色，曲衣明显。断面皮薄、整齐，呈深褐色或灰褐色，清亮一致，局部有红色，曲香浓郁，酱香明显，无酸败或其他杂味。高温堆积酒醅升温试验可以看出，在酒醅中添加嗜热菌制成的强化大曲对酒醅升温起到了重要作用，有效解决酒醅冬季堆积升温困难这一问题。发酵过程中微生物分析试验可以看出，嗜热产香菌 JX05 对酒中香气成分的形成起着较大作用，即强化曲中的嗜热菌在保持原酒风格的基础上提高出酒率及优质品率。

通过强化大曲在兼香型白酒生产中的应用试验可以看出，在酒醅中直接添加强化曲依然能够保持原酒风格，并且出酒清澈透明，酱浓协调，风格典型。通过强化大曲在兼香型白酒生产中的应用试验可以看出，添加强化曲酿造出的酒与原工艺酒比较，口味更加醇厚、幽雅，出酒酱香更突出，入口醇和，更接近于兼香型白酒风味特征。且操作简单，效果明显，不改变原有的生产流程，酒的质量和风味都稳定，出酒率提高 4.15%。

利用产酱香风味菌 JX05 和耐高温糖化酶产生菌 TH03 制备强化大曲，将其添加于生产用成品高温曲中，用于传统白酒酿造生产，能够减少生产用曲量。

5.5.3　浓、清、酱三香融合创新工艺

结合鄂酒工艺特点，研究开发了一种新白酒生产工艺（图 5-38），该工艺包括糖化上箱、高温连续堆积、泥窖发酵三个主要工序，该产品具有色清透明、陈香幽雅、香味谐调、醇厚细腻、绵甜爽净、回味绵长的特点。

5.5.3.1　材料

（1）原材料

根霉菌：购自安琪酵母。

糟醅：经过小曲上箱糖化后的糟醅。

高温曲：自制。

（2）培养基

酵母菌和霉菌采用虎红琼脂培养基；细菌采用营养琼脂糖培养基。

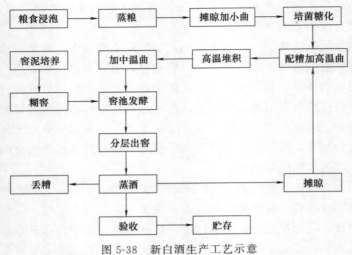

图 5-38　新白酒生产工艺示意

5.5.3.2　研究方法

（1）糖化上箱工艺要点

1）泡粮

高粱和荞麦按照 7：3 比例投入，浸泡温度控制在 75～80℃之间，时间为 19h 左右，泡好的高粱达到润透、不淋浆、无干糁、无异味。

2）蒸粮

初蒸：待蒸锅内水烧开后，在蒸锅内底部均匀撒上少量稻壳，见汽后均匀撒高粱 4～5cm 厚，初蒸时间控制在 25min，蒸汽压力为 0.14MPa

闷粮：初蒸结束加水闷粮，闷粮温度为 50℃左右，时间为 25min。

复蒸：闷粮结束后粮食再进行复蒸，复蒸时间为 10～15min，压力为 0.6MPa。蒸粮完成后要求高粱熟而不粘、内无生心，有高粱香味，无杂味。

3）摊晾

蒸粮结束后，趁热取出高粱，放在通风位置摊晾。

4）糖化上箱

摊晾温度达到 20℃左右下曲，下曲后的糟醅堆积成 3～4cm 厚，上面撒少许已蒸过的干稻壳，入恒温箱进行保温培菌糖化。

（2）糖化上箱工艺实验设计

1）单因素实验设计

对影响糖化效果的因素如糖化温度、糖化剂用量、糖化时间分别进行了单因素实验，分析单个因素对糖化效果影响的显著性，为后续整个工艺研究设计提供指导。

① 糖化温度　见表 5-40。

表 5-40 糖化温度单因素实验设计表

因素	水平 1	水平 2	水平 3
糖化温度/℃	25～29	30～35	36～42
糖化剂用量	0.4%	0.4%	0.4%
糖化时间	24h	24h	24h

② 糖化剂用量　见表 5-41。

表 5-41 糖化剂用量单因素实验设计表

因素	水平 1	水平 2	水平 3
糖化温度/℃	30～35	30～35	30～35
糖化剂用量	0.3%	0.4%	0.5%
糖化时间	24h	24h	24h

③ 糖化时间　见表 5-42。

表 5-42 糖化时间单因素实验设计表

因素	水平 1	水平 2	水平 3
糖化温度/℃	30～35	30～35	30～35
糖化剂用量	0.4%	0.4%	0.4%
糖化时间	18h	24h	36h

2）正交实验设计

通过对影响糖化效果的因素如糖化温度、糖化剂用量、糖化时间进行单因素实验，确定了糖化温度、糖化剂用量、糖化时间三因素三水平正交实验的水平量。

（3）高温连续堆积工艺实验设计

1）高温连续堆积过程糟醅变化的研究

对堆积过程中糟醅各项指标的变化进行分析研究，分析堆积温度、水分、酸度、淀粉含量、还原糖含量、酒精含量、微生物等各项因素随堆积时间延长而产生的各项变化。

2）高温连续堆积工艺正交实验研究

表 5-43 中温曲用量实验设计表

因子	水平 1	水平 2	水平 3
糖化温度/℃	35～38	35～38	35～38
糖化剂用量	0.5%	0.5%	0.5%
糖化时间/h	24	24	24
堆积时间/h	45	45	45
大曲用量	25%	25%	25%
水分含量	60%	60%	60%
中温曲用量	7%	9%	11%

对高温连续堆积的时间、高温大曲用量、糟醅水分含量进行 $L_9(3^3)$ 正交实验。

（4）泥窖发酵工艺要点

由于糟醅经过小曲糖化、高温连续堆积两个工序，中温曲的用量与传统浓香型白酒使用量有区别，因此对中温曲的用量进行了实验，每个因子进行四次实验，实验结果取平均值（表5-43）。

5.5.3.3 结果与分析

（1）糖化上箱工艺要点

1）单因素实验结果与分析

① 糖化上箱温度

在实验室条件下对糖化上箱温度进行了研究，每个因素水平进行三次实验，实验结果取平均值，对糖化上箱温度条件对实验结果的影响是否显著进行方差分析。

表 5-44　糖化上箱温度单因子实验结果

水平	还原糖含量（三次实验均值）
A1:25~29℃	0.42
A2:30~35℃	0.52
A3:36~42℃	0.47

表 5-45　单因子方差分析表

来源	平方和	自由度	均方	F 比
因子 A	$SA=0.015$	$fA=2$	$MSA=0.075$	$F=13.05$
误差 e	$Se=0.0034$	$fe=6$	$MSe=0.0057$	
总计 T	$ST=0.0184$	$fT=8$		

由表5-44、表5-45可知，在显著水平 $\alpha=0.05$ 上，$F0.95（2，6）=10.92$，实验计算 $F=13.05>10.92$，所以在显著水平，糖化温度对糖化结果影响是显著的。由各水平的数据可以知道A1水平实验含糖量最低，A2水平含糖量最高。

② 糖化剂用量

在实验室条件下对糖化剂用量进行了研究，每个因素水平进行三次实验，实验结果取平均值，对糖化剂用量条件对实验结果的影响是否显著进行方差分析。

由表5-46、表5-47可知，在显著水平 $\alpha=0.05$ 上，$F0.95（2，6）=10.92$，实验计算 $F=12.9>10.92$，所以在显著水平，糖化温度对糖化结果影响是显著的。由各水平的数据可以知道B1水平实验含糖量最低，B3水平含糖量最高。

表 5-46　糖化剂用量单因子实验结果

水平	还原糖含量（三次实验均值）
B1:0.4%	0.39
B2:0.6%	0.46
B3:0.8%	0.55

表 5-47　单因子方差分析表

来源	平方和	自由度	均方	F 比
因子 B	$SB=0.0387$	$fB=2$	$MSB=0.0194$	$F=12.9$
误差 e	$Se=0.0249$	$fe=6$	$MSe=0.0015$	
总计 T	$ST=0.0636$	$fT=8$		

③ 糖化上箱时间

在实验室条件下对糖化上箱时间进行了研究，每个因素水平进行三次实验，实验结果取平均值，对糖化上箱时间条件对实验结果的影响是否显著进行方差分析，见表 5-48、表 5-49。

表 5-48　糖化上箱时间单因子实验结果

水平	还原糖含量（三次实验均值）
C1：18h	0.41
C2：24h	0.52
C3：36h	0.53

表 5-49　单因子方差分析表

来源	平方和	自由度	均方	F 比
因子 C	$SC=0.0088$	$fC=2$	$MSC=0.0044$	$F=14.6$
误差 e	$Se=0.0018$	$Fe=6$	$MSe=0.0003$	
总计 T	$ST=0.0106$	$FT=8$		

在显著水平 $\alpha=0.05$ 上，$F0.95$（2，6）$=10.92$，实验计算 $F=14.6>10.92$，所以在显著水平，糖化上箱温度对糖化结果影响是显著的。有各水平的数据可以知道 C1 水平实验含糖量最低，C3 水平含糖量最高。

2）正交实验结果与分析

根据单因素实验的结果，选取了各单因子工艺参数进行了正交实验，找出最佳的糖化上箱工艺的实验参数，见表 5-50。

正交实验结果分析出加曲量是对实验结果影响最大的一个因素，温度和时间对实验结果的影响是相同的。由正交实验结果可以知道 A3B3C2 为最佳条件，即糖化温度 35～38℃，加曲量 0.5％，糖化上箱时间 24h。

表 5-50　$L_9(3^3)$ 正交实验结果

试验号 \ 列号	A	B	C	实验结果
1	1	1	1	0.42
2	1	2	2	0.44
3	1	3	3	0.47
4	2	1	2	0.51

续表

试验号 \ 列号	A	B	C	实验结果
5	2	2	3	0.55
6	2	3	1	0.50
7	3	1	3	0.52
8	3	2	1	0.56
9	3	3	2	0.60
T1	1.33	1.45	1.48	
T2	1.56	1.55	1.58	
T3	1.68	1.57	1.57	
$\overline{T1}$	0.44	0.43	0.50	
$\overline{T2}$	0.52	0.51	0.45	
$\overline{T3}$	0.56	0.58	0.57	
R	0.12	0.15	0.12	

（2）高温连续堆积工艺要点

1）堆积过程中糟醅的变化

① 堆积过程中温度的变化

起堆温度随季节的变化而有所不同，控制在 24～27℃，堆积时间一般控制在 48～72h，根据糟醅的温度和感官质量确定堆积时间。

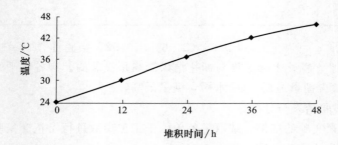

图 5-39　堆积过程中温度变化趋势

从图 5-39 可以看出，在堆积过程中，由于糟醅中微生物的新陈代谢活动，温度是逐步上升的。前12h内温度上升较为缓慢，这是由于微生物生长初期繁殖速度较慢，堆积温度变化与微生物繁殖速度是相对应的。当堆积12h以后，微生物的繁殖进入了一个高峰期，前期温度的提升给微生物尤其是酵母菌、霉菌的生长提供了良好的温度环境，而开放环境下充足的氧气也为酵母菌、霉菌的呼吸作用提供了有利条件，呼吸作用消耗了堆中的氧气并释放热量使温度上升。24h以后温度上升的速度又变缓了，因为过高的温度已不适合酵母菌和霉菌的生长，此时主要生长的微生物为细菌。36h后，堆糟的温度使得细菌成为优势菌种而大量繁殖，温度继续上升。

② 水分的变化

堆积发酵过程中，水分含量逐渐下降。水分的变化主要是由于挥发作用和微生物生长利用。由图5-40可以看出，前12h内水分变化的幅度较小，12h后水分的变化幅度较大。从堆糟温度变化分析，前12h温度低，挥发慢，12h后温度变高，水分挥发加快。从微生物的变化来看，前12h中，微生物的代谢较缓，对水分的利用也较慢，12h后，随着微生物繁殖加快，微生物数量增加，对水分的利用也加大。

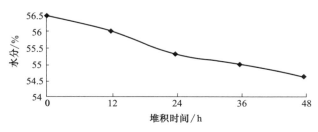

图5-40　堆积过程中水分变化趋势

③ 酸度的变化

堆积发酵过程中，酸度是在逐渐增加的，如图5-41所示，但是其增加幅度很小。酸的生成主要是由于微生物新陈代谢产生的。在整个堆积过程中酸度的变化非常小，这是由于微生物在堆积过程中通过初级代谢活动不断地合成生长繁殖所需的各种酶类，并未大量进行次级代谢活动产酸，后期入池发酵才会生成各种酸类物质，这些酸类物质是生成酯的前驱物质。

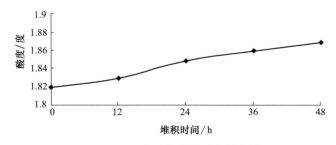

图5-41　堆积过程中酸度变化趋势

④ 淀粉含量的变化

堆积发酵过程中淀粉含量逐渐下降，如图5-42所示。在0~12h内，淀粉的下降速率较小，这是由于在堆积前期，微生物首先利用堆糟中残留的还原糖进行生长代谢，而霉菌的繁殖较为缓慢，其代谢作用所产生水解淀粉的酶类也较少；12h后，随着霉菌数目的大量增加，水解淀粉的酶类也逐渐增加，淀粉减少得越快。

⑤ 还原糖含量的变化

堆积过程中，还原糖含量减少，如图5-43所示。在12h前，还原糖含量下降

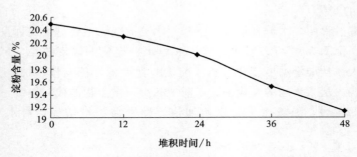

图 5-42　堆积过程中淀粉含量的变化趋势

较快，这是由于微生物在这段时期内的代谢活动不断消耗还原糖，而淀粉水解成还原糖的效率不高，微生物对还原糖的利用速率远高于淀粉的水解速率，在 $12\sim24h$ 间，随着霉菌的大量繁殖，淀粉水解的速率提高，堆糟过高的温度使得酵母菌的增长减小，微生物对还原糖的利用率和淀粉的水解速率差距缩小，24h 后，过高的温度使得酵母菌、霉菌繁殖变缓，但细菌大量繁殖会使还原糖含量继续下降。

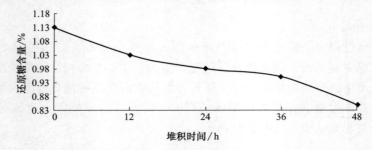

图 5-43　堆积过程中还原糖含量的变化趋势

⑥ 酒精含量的变化

　　堆积过程中，酒精含量是增加的，但是其增加的数量很小，如图 5-44 所示。这是由于堆积过程是在开放的环境中进行的，在有氧环境下，微生物中的酵母菌主要进行有氧呼吸作用，而酵母菌生成乙醇需要在无氧环境下进行无氧呼吸作用，因此堆积过程中酵母菌的生长体现为数量的增长而非乙醇含量的增加。

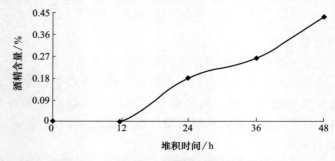

图 5-44　堆积过程中酒精含量的变化趋势

⑦ 微生物数量的变化

堆积过程实质上就是网罗和富集微生物的过程，堆积过程中微生物数量增长较快，其具体变化见表 5-51。从表 5-51 可以看出，堆积过程中，酵母菌、霉菌的变化趋势是先增加后减少，细菌的变化趋势是逐渐增加。

表 5-51　微生物变化情况　　　　单位：$\times 10^4$ 个/g 糟醅

微生物种类	时间/h				
	0	12	24	36	48
酵母菌	8.3	78	970	590	310
细菌	18	49	78	180	460
霉菌	6	18	87	45	17

堆积过程前期，堆糟的温度较低，很适合酵母菌、霉菌的生长繁殖，加上充足的氧气环境，使得在 24h 时，酵母菌和霉菌的数量达到顶峰，而细菌的数目并未达到顶峰。在 24h 后，随着温度的升高，酵母菌、霉菌的生长繁殖受到影响，其数目开始下降，而此时的温度适合细菌的生长繁殖，其数目逐渐增大。

2）高温连续堆积工艺因素研究

根据前面的研究，选择高温连续堆积的时间、高温大曲用量、糟醅水分含量三个因素进行正交实验。堆积时间选取了 40h、45h、50h 三个因子，高温大曲用量选择 20%、25%、30% 三个因子，糟醅水分含量选取 50%、55%、60% 三个因子。在堆积完成后组织评审组对糟醅质量进行评分。

表 5-52　正交实验结果表

试验号　列号	A	B	C	糟醅得分
1	1	1	1	80
2	1	2	2	88
3	1	3	3	90
4	2	1	2	88
5	2	2	3	93
6	2	3	1	96
7	3	1	3	86
8	3	2	1	97
9	3	3	2	92
T1	258	254	273	
T2	277	278	268	
T3	275	278	287	
$\overline{T1}$	86	84.7	91	
$\overline{T2}$	92.3	94.7	89.3	
$\overline{T3}$	91.6	90.7	95.7	
R	6.3	10	6.4	

由正交实验结果可以知道 A2B2C3 为最佳条件，即堆积时间 45h，加曲量 25%，水分含量 60%。

（3）泥窖发酵工艺实验结果

表 5-53　中温曲用量实验结果

水平	原酒品评得分（三次实验均值）
7%	89.2
9%	95.3
11%	92

酿造车间选择优良的窖池对中温曲的用量进行了单因素实验，发酵 60～70d。对不同中温曲用量的实验组得到的原酒组织品酒师进行了品评打分。由表 5-53 所示的实验结果可以看出中温曲用量 9%，原酒具有最高的感官得分。

5.5.3.4　结论

本节结合鄂酒工艺特点，分别从糖化上箱、高温堆积和泥窖发酵三个工序研究了新白酒生产工艺。

（1）研究了糖化上箱过程中的最佳工艺参数指标，通过对原糖、糟醅水分、糟醅酸度等指标的检测分析，结合糟醅感官分析，探讨最佳糖化温度、加曲量和糖化时间。最佳的糖化条件是糖化温度 35～38℃，加曲量 0.5%，糖化时间 24h。

（2）对高温连续堆积工序进行研究，通过对还原糖、糟醅以及微生物相关指标的检测和分析，探讨最佳的堆积时间、加曲量、水分含量，并研究在高温连续堆积过程中的糟醅变化、温度变化、水分变化、酸度变化、淀粉含量变化、还原糖含量变化、酒精含量变化，找出最佳高温连续堆积工序的工艺参数。通过实验得出，最佳的堆积条件是堆积时间 45h，加曲量 25%，水分含量 60%。

（3）对泥窖发酵工序进行研究，通过对窖泥、糟醅以及微生物相关指标的检测和分析，探讨最佳的发酵时间、加曲量、水分含量，并研究在泥窖发酵过程中的糟醅变化、温度变化、水分变化、酸度变化、淀粉含量变化、还原糖含量变化、酒精含量变化，找出最佳泥窖发酵工序的工艺参数。通过试验得到，泥窖发酵过程中，中温曲的用量是影响实验结果的一个重要因素，通过四次实验找出了中温曲最佳的用量为 9%，原酒具有最高的感官得分。

————— 第6章 —————

酒糟处理技术

————————————————

　　酒糟是酒醅发酵完后再经蒸馏出酒后残留的混合固形物，是酿酒行业的副产物，它富含大量的营养物质如粗淀粉、粗纤维、粗蛋白、无氮浸出物、粗脂肪、氨基酸和各种维生素、微量元素、酶类等生物活性物质。

　　我国是白酒的消费和生产大国。由统计得知，2014年我国白酒产量超过1200万吨，按固态发酵酿酒工艺副产物酒糟产量与所产酒类的质量比例为5：1，据此估算我国白酒酒糟年产量超过6000万吨。这些酒糟数量巨大，而且营养成分丰富，大量的废弃酒糟在自然环境中堆放容易腐败产生恶臭气味，造成空气污染，同时还会对表层水和土壤造成严重的污染。目前多数企业对酒糟的处理方法比较单一，主要将其经过简单的干燥处理作为饲料和堆肥出售，有些甚至直接将鲜酒糟作为饲料出售，这样并不能将其中丰富的有效成分高效利用，而且这些饲料产品价格低廉。不仅造成了资源的浪费，而且影响了企业的经济效益，与当前可持续的经济发展战略不符。因此，酒糟高值化利用方式的研究，对酿酒行业经济效益和环境保护的可持续发展具有深远意义。

6.1　酒糟生产饲料

　　白酒糟中含有大量的淀粉、蛋白质等有机物，可作为生产饲料的原料。其制取饲料途径有：烘干酒糟饲料，青贮酒糟饲料，利用酒糟生产蛋白饲料等。

6.1.1　烘干酒糟饲料

　　酒糟是一种传统的辅助饲料，但是，随着酒糟产量的增加和畜牧业饲料质量要求的提高，鲜酒糟直接作为饲料进行动物饲养，不仅不符合当前经济形势发展的要求，而且不符合饲养业饲料的要求。因此，要对鲜酒糟进行处理。

　　由于酿酒行业工艺需要，会在酿酒过程中添加部分稻壳作为疏松剂和填充剂，对饲料而言，稻壳的粗纤维含量过高，而且含有植酸，会影响动物对酒糟蛋白的消化吸收，若不加以处理，对饲料的品质影响极大。因此需要对酒糟进行必要处理，除去其中的稻壳。

对于酒糟干燥处理的常用工艺（图 6-1）为：将鲜酒糟烘干后，进行稻壳筛分，分出的稻壳可用于再生产，干酒糟再与其他原料配合生产粉状或颗粒状酒糟饲料。

鲜酒糟→烘干→机械筛分去除稻壳→酒糟饲料

图 6-1　鲜酒糟烘干制作饲料工艺流程

利用干燥后的酒糟饲料代替饲料中的部分麸皮和豆粕，不仅不会对动物的各项生产性能造成影响，还会降低饲料成本，增加收入。

6.1.2　青贮酒糟饲料

青贮的原理是饲料通过有益微生物发酵后，产生有机酸，抑制腐败菌的活动，从而保存饲料。饲料青贮在窖内，在缺氧的条件下，乳酸菌发酵逐渐占优势，产酸较多，从而抑制其他菌类的生存和繁殖。这样既可防霉防腐，又可阻止继续分解损失，从而达到青贮的目的。其工艺流程如图 6-2 所示。

鲜酒糟→压实→装袋→加菌→拌匀→封闭发酵→青贮酒糟饲料

图 6-2　鲜酒糟制作青贮酒糟饲料工艺流程

新鲜酒糟含水量高、能量高、含糖量高，如果存放时间过长，不能及时饲喂完毕，容易腐败分解产生霉菌。利用枯草芽孢杆菌、酿酒酵母、植物乳杆菌、乳酸片球菌对鲜酒糟进行微贮，一方面解决了酒糟的贮存问题；另一方面，促进了酒糟饲料中各类有效成分的有效吸收。

利用酒糟代替部分豆粕等蛋白饲料以降低养殖成本，有利于牧场的节本增效，经过青贮的制作也解决了季节性饲料使用的问题。酒糟青贮可以提高奶牛对饲料的适口性，同时发酵饲料含有大量益生菌，可以充分降解饲料中的营养成分，让奶牛吸收更加充分，提高牛奶中的乳蛋白的含量。

6.1.3　利用酒糟生产蛋白饲料

通过微生物发酵的方式处理酒糟直接生产单细胞蛋白饲料及活性菌体饲料（图 6-3），相对于直接饲喂畜禽，该法可以更有效地利用酒糟营养成分，具有可观的利润。白酒酒糟经过微生物代谢发酵后可产生大量的菌体蛋白，积累大量代谢产物，如消化酶、多种维生素、有机酸和辅助生长因子等多种生物活性物质，这些物质不仅改善了饲料口味，也是动物生理代谢不可缺少的必需营养元素。

鲜酒糟——酶解——接菌发酵——菌体蛋白

图 6-3　鲜酒糟制作酒糟蛋白饲料工艺流程

酒糟生产微生物蛋白饲料的菌种主要有曲霉菌、根霉菌、假丝酵母、乳酸杆菌、乳酸链球菌、枯草杆菌和拟内孢霉等。将其饲喂畜禽效果良好。同时，饲养这些作物后的废渣也是一种含氮量很高的有机肥料，可制成高品质复合化肥，具有很大的应用前景。

6.2　能源利用

酒糟中除水分外，绝大部分为有机物。因此，酒糟可以作为能源利用。酒糟能源利用技术有多种，可以作为能源直接燃烧，或作为原料发酵生产沼气，也可以作为原料生产燃料乙醇，还可气化生产燃气等。酒糟在能源方面的应用主要集中在生产燃料乙醇和沼气两个方面。燃料乙醇的生产原料主要是粮食或薯类，产品的成本较高，利用酒糟作为燃料乙醇生产来源可以提高经济效益。

以酒糟为原料发酵产沼气省去了原料预处理过程，酒糟中碳氮比在 25 左右，是沼气发酵的最佳碳氮比，不用加入尿素等含氮物质进行调节，不但降低了成本，而且发酵启动快。

酒糟还可以通过自身厌氧发酵或者与果渣、水稻秸秆混合厌氧发酵生产沼气。其中，酒糟与秸秆混合发酵的抑制酸化效果明显，产气量也充足。此外，酒糟厌氧发酵生产沼气后，其剩余物也可用于农业肥料。

酒糟利用难点主要是酒糟中存在大量纤维素和半纤维素等难降解物质以及酒糟利用后所产生的二次废弃物如何处理。目前，高效降解酒糟中的纤维素已经运用到酒糟资源化利用中，但是利用物理化学手段会造成二次污染，利用微生物来降解白酒酒糟中纤维素具有一定前景。通过筛选高效降解纤维素的细菌降解白酒酒糟，该法对酒糟的处理有效且无二次废弃物，但是如何筛选高效降解酒糟纤维素的微生物以及如何改造这类微生物菌种将是今后研究的一大热点。

6.3　生产化工原料

6.3.1　酒糟制备精甘油

酒糟经过糖化、发酵、中和除杂、初步浓缩、脱色、离子交换纯化、减压蒸馏、浓缩等步骤，制得的精甘油中丙三醇含量达到 95％～98％，精甘油的收率为 8％～9％。

（1）糖化

酒糟加入适量自来水，在糖化罐内升温至 60℃，加入适量麦芽浆，保温搅拌 3h，取样检查达到糖化终点后，进行过滤或压滤。

（2）发酵

将上述所得滤液，用糖度计抽样测定含糖量，据此加入适量自来水，配成稀糖液，然后转入经过消毒灭菌的发酵罐内，加入一定量的亚硫酸盐和酵母，于 30～

34℃条件下，发酵 3d 左右。

（3）中和除杂

取样检查上述发酵已达到终点后，往发酵液中加入适量优质石灰，将料液移入锅内加热约 20min，停止加热，静置 12h 以上。上述料液分层后，虹吸出上层清液，下部混浊物及沉淀物进行抽滤，合并清液和滤液。将所得棕褐色溶液加入适量碳酸钠，煮沸 10～15min，滤除沉淀物，再加入稀盐酸中和至 pH＝7 左右。

（4）初步浓缩

将上述溶液放入浓缩器内，蒸发浓缩至原体积的 1/4～1/3。将上述初步浓缩液中加入适量活性炭反复脱色至溶液为无色或浅黄色。离子交换法：纯化新树脂按常规方法预处理并检查合格后，分别装入阳、阴离子交换柱及混合柱中。然后将上述经过脱色处理的稀甘油溶液，以一定流速分别通过阳、阴离子交换和混合离子交换柱，使之进一步纯化。

（5）减压浓缩、蒸馏

经过离子交换树脂净化后的稀甘油溶液先蒸除大部分水分，然后在一定真空度下，收集 140℃ 左右的甘油馏出液，当馏釜内液面低于 1/3 高度时，应及时补加新料液，这样即可制得无色透明的精甘油纯品。

6.3.2　利用酒糟提取木糖

木糖作为一种重要的功能糖和化工原料，广泛应用于食品、药品、化工等领域。采用酸法可从酒糟中提取木糖，主要工艺包括：酒糟干燥、热水预处理、稀硫酸水解、中和、脱色、离子交换、浓缩结晶、产品分析。

在提取过程中，以稀硫酸为催化剂，$CaCO_3$ 为中和剂，糖用活性炭为脱色剂，利用阳离子交换树脂和大孔弱碱性阴离子交换树脂进一步除盐纯化提取液。按照上述方法，以酒糟为原料，制取提取液经除杂纯化、浓缩、结晶、重结晶后，可得到木糖晶体，纯度较高。

6.3.3　酒糟制备丁二酸

丁二酸又名琥珀酸，是三羧酸循环的中间产物，在农业、医药、食品、化工领域有着广泛的应用。微生物厌氧发酵生产丁二酸是利用微生物将糖和 CO_2 转化成丁二酸，可以摆脱丁二酸产品对化石原料的依赖，具有环境友好、缓解温室效应的优势。生物基丁二酸 2004 年经美国能源部评估，被认为是未来 12 种最有价值的生物基化学品之一。虽然微生物发酵法生产丁二酸具有广阔的前景，但由于发酵成本偏高影响着其工业化的进程，而寻找廉价易得的原料是降低成本的有效手段之一。

以白酒酒糟为原料，无需外源添加氮源，无需对原料进行酸碱预处理，采用先用纤维素酶水解白酒糟，再用糖化酶和 *A. succinogenes* 同步糖化发酵的工艺，可发酵生产高得率的丁二酸，为酒糟的处理提供了新的方式，并且酒糟价格低廉，有利于降低成本，具有一定的应用前景。

6.4 酒糟生产实用材料

6.4.1 酒糟制备细菌纤维素

细菌纤维素是一种新型的生物高分子材料，由葡萄糖醋杆菌或者木醋杆菌发酵而来。它有很多优良特性，如高纯度、高结晶度、高聚合度、高拉伸强度和较强的生物相容性。这些特性使得细菌纤维素在食品、造纸、复合膜、纺织、生物医用材料、生物吸附材料和音响膜方面有广泛的用途，但是由于高成本和低产量制约着细菌纤维素在很多方面的应用。利用酒糟生产细菌纤维素可以在低成本的情况下实现酒糟的资源化利用。

目前，可利用木醋杆菌发酵生产细菌纤维素，在发酵之前要对酒糟进行过滤，得到酒糟浸出液，按照浸出液中的营养成分来对其进行培养基成分的优化。研究得到最优的培养基配方为：每1L酒糟浸出液加入葡萄糖23g，蛋白胨25g，酵母粉25g，柠檬酸4.5g，$Na_2HPO_4 \cdot 12H_2O$ 2g，$KH_2PO_4 \cdot 3H_2O$ 1g，$MgSO_4 \cdot 7H_2O$ 0.2g，接种量8%，发酵温度30℃，培养周期7d，得到细菌纤维素的预测产量为14.42g/L。

6.4.2 酒糟制备活性炭

活性炭是一种黑色多孔的固体炭质。早期由木材、硬果壳或兽骨等经炭化、活化制得，后改用煤通过粉碎、成型或用均匀的煤粒经炭化、活化生产。主要成分为碳，并含少量氧、氢、硫、氮、氯等元素。活性炭最大特点是其发达的空隙结构、巨大的比表面积和良好的吸附性能。其独特的孔隙结构和表面官能团，对气体、溶液中的无机或有机物及胶体颗粒等有很强的吸附能力，因而在各行各业有着广泛的用途。目前，我国的活性炭产量居世界第2，年出口量世界第1。但生产的主要原料是煤、木材等宝贵的资源。

研究发现，对丢糟进行碱处理，得到脱硅丢糟并进行炭化和活化可得到活性炭。称取100g丢糟，置于2000mL圆底烧瓶中。倒入500mL 2mol/L的NaOH溶液，在电热套上煮沸加热并冷凝回流。反应2h后，趁热真空抽滤，并用沸水洗涤，滤渣用水洗涤至中性后，放入烘箱中干燥，产物即为脱硅丢糟。称取一定质量干燥的脱硅丢糟，加入一定浓度的$ZnCl_2$溶液，浸渍12h，放入箱式电阻炉，升温至设定温度，活化结束立即取出坩埚，将活化后物质倒入冷水中冷却、酸洗、水洗、过滤、干燥、研磨，得产品。在保证活性炭吸附效果的前提下，最适中试生产条件为：料液比1∶2（g∶mL），$ZnCl_2$浓度50%，活化时间60min，活化温度500℃。丢糟经脱硅处理后生产的活性炭产品的各项吸附指标都达到或超过国家标准。由丢糟制备的活性炭的得收率不如木材和煤所制活性炭高，但是此方法利用了酒糟，为丢糟的利用提供了一条途径。

6.5　生产食品和保健品

6.5.1　利用酒糟生产食用菌

食用菌是联合国粮农组织倡导的"一荤、一素、一菇"健康膳食的三大基石之一，也是我国传统的出口产品。

利用酒糟栽培食用菌时往往需要根据实际情况选择合适的酒糟种类。以酒糟作为主料栽培食用菌，需添加一定量辅料（如木屑、麸皮、米糠等），添加辅料以增加食用菌生长所需的纤维素和木质素等，并满足菌丝生长对氧气的需求。浓香糟本身可能营养成分较为均衡，稻壳含量较高，透气性较其他酒糟更好，因此不用过多添加辅料。而酱香糟、啤酒糟和黄酒糟生产工艺原料的缘故，空气通透性较差，且易结块，因此辅料添加比例较大。

酒糟培养料中含有丰富的速效碳氮源，可使菌丝生长浓密，基内菌丝多，籽实体形成早，利于菌蕾形成；食用菌生长是利用菌丝体分泌胞外酶，将培养料中的高分子蛋白质、脂肪和碳水化合物分解成可溶性的低分子物质，进行吸收利用，再通过胞内酶，如合成蛋白质过程的转肽酶、分解氨基酸的转氨酶等，合成自身的氨基酸、蛋白质、糖、脂肪、有机酸等，而酒糟中含有丰富的矿物质元素可作为酶的活化剂或酶的活性中心。

但酒糟作为主料时，污染率有所提高。如浓香型酒糟栽培秀珍菇和猴头菇时，污染率分别提高了3%～5%和6%左右。此外浓香糟的糠壳质地较硬，两端尖锐容易刺破菌袋，也容易导致杂菌污染。因此在扩大规模生产时，可考虑通过选用较厚实、耐高温的栽培袋、延长菌袋灭菌时间、严格控制无菌操作及加强环境消毒工作来降低污染率。

6.5.2　酒糟生产食醋

利用酒糟酿制食醋时，酒糟在酒精发酵过程中产生的甘油、脂肪酸和乳酸等风味物质可随着发酵进入醋中，给醋带来浓郁的香味，这是传统酿醋工艺所不具备的。固态发酵工艺生产的酒糟醋不仅能节约粮食，而且生产出来的酒糟醋在色泽、口感、理化指标和卫生指标等方面均符合国家食醋的标准，并且具有抑癌作用，比传统醋具有更好的使用价值。以啤酒糟发酵生产食醋的生产工艺如下。

（1）原料处理

先将200kg啤酒糟与25kg玉米粉和36kg麸皮混合拌匀，堆集润料，一般春秋润料6～8h，冬季润料8～12h，夏季润料2～4h，把润好的料在常压下汽蒸料1.5～2h，再闷30min。

（2）制曲

熟料出锅冷却至 40℃接入 AS3.350 黑曲霉与 AS3.951 米曲霉，接种量分别为原料质量的 0.35％与 0.1％，拌匀后入池，在 30～35℃通风培养 26～28h，即成曲。

（3）酒精发酵

在曲料中加入酒母和适量水，使制成的发酵醅含水 62％～65％。把发酵醅放入发酵缸压实，用塑料薄膜封严，控制入缸品温在 22～24℃不超过 33℃。当品温超过 35℃时应采取倒缸措施，每次倒缸后仍把醅压实并封严。发酵周期 7～8d，成熟酒醅的酒精度为 6％～7％（体积分数）。

（4）醋酸发酵

把成熟酒醅与 26kg 麸皮、32kg 稻壳和 80kg 水混合，拌匀为醋酸发酵醅，放入浅缸，敞口放 8～10h，然后接入上批发酵 3～4d 的热醋醅 1％混匀，堆成凸形，上面覆盖 1cm 厚的新制醋酸发酵醅。第 1 天品温上升到 40℃，进行翻醅，以后每天倒缸一次，控制醅温前期 42～44℃，中期 38～40℃，后期在 36℃左右，发酵 7～8d，此时，醋酸含量为 5g/100mL 以上，说明发酵已基本结束，及时向醋醅内加盐并拌匀，再堆放一天后熟。

（5）淋醋

取 60％成熟醋醅，采用三次套淋法淋醋，淋醋时浸泡 10～12h，头醋用于浸泡熏醅，二醋、三醋用于淋醋浸泡之用。

（6）熏醅

剩余的 40％成熟醋醅放置熏醅缸内，缸口加盖，用文火加热至 70～80℃，每隔 24h 倒缸一饮，共熏 5d，将头醋用香料调香，再煮沸灭菌 5～10min，浸泡熏醅 3～4h，再进行淋醋陈酿数月。

（7）配制及灭菌

将陈酿醋和新淋出的头醋，在出厂前按质量标准进行配兑，对总酸含量为 5％以下的一般食醋，应在加热灭菌的同时加 0.06％～0.1％的苯甲酸钠，在 80～90℃灭菌 15～20min 即得成品醋。

对成品醋进行理化分析，得到数据：总酸（以醋酸计）：4g/100mL；浓度：7g/100g；还原糖＞3g/100mL；氨基酸＞0.35g/100mL；各项卫生标准均达到 GB 2719—1981 要求。

6.5.3　利用酒糟生产酱油

采用酱香型白酒糟为原料，部分或完全替代酱油酿造中的脱脂大豆等蛋白质类原料，通过原料发酵预处理、蒸煮、制曲、制醅发酵、淋油、过滤和灭菌等工序酿造酱油。可制得各项指标符合行业标准要求的二级及以上酱油。具体方法如下。

（1）白酒糟的选取、发酵预处理

选取新鲜无霉变的白酒糟，按 0.05％的接量接入酵母，酵母用 2％ 糖水先

38～40℃复水 15min，冷至 30℃活化 0.5h 后再接种，于 28～30℃培养 72h。

（2）原辅料配料、蒸煮

发酵处理后的白酒糟用 Na_2CO_3 调 pH 至 6.5～7.0，按比例称取其他辅料，混合，调整混合后的物料干重与水的比例为 1：（0.9～1），混匀后于 115～121℃蒸煮 20～30min，得原辅料；白酒糟与其他辅料按质量份的配比包括：白酒糟 10～100，豆粕 0～70，麸皮或谷物粉 0～20（豆粕使用前先用 78～85℃的水预先浸润 30min，按照下述质量配比进行：白酒糟 40～100，豆粕 0～20，麸皮 0～20）。

（3）制曲

蒸煮好的原辅料冷却至 40～45℃，按原辅料干重的 0.05％接种米曲霉，于 30～35℃培养 28～42h 至长出嫩绿色的米曲霉，期间翻曲 2 次，得到酱油成曲。制曲 20h 时第一次翻曲，26h 时第二次翻曲。

（4）制醅发酵

配制盐水加入到酱油成曲中制作酱醅，使酱醅含盐量为 6％～8％，含水量为 50％～60％；将酱醅转入发酵池中，稍压实，表面用食品级塑料膜封好，在塑料膜上再撒 2～5cm 厚的食用盐，加盖，于 40～55℃下发酵 20～30d。

（5）浸出与淋油

配制质量体积分数为 6％～8％的食盐水，加热到 80℃，按料液比 1：1.5（g：mL）加入酱醅中，略搅动酱醅使酱醅充分吸收盐水，于 40～55℃下浸泡 18～24h，得酱醪。

（6）过滤和灭菌

将浸泡过夜的酱醪过滤，滤出的酱油于 40～55℃沉降 20h，取上清液即为白酒糟酱油，65℃下水浴灭菌 30min。

6.5.4 酒糟制作饼干

由于黄酒酒糟中含有的多种营养成分，可利用酒糟制作酒糟苏打饼干和酒糟曲奇饼干，以下为黄酒酒糟饼干的制作方法。

（1）酒糟的前处理

湿酒糟经工业用粉碎机快速粗粉加工后，70℃烘干 4h，再使用配有细筛（1mm）的工业用粉碎机进行细粉加工，过筛获得 60 目酒糟饼干原料粉。

（2）酒糟曲奇饼干的制作

用打蛋器打发黄油至顺滑；加入糖粉，继续打发至体积稍有膨大；将鸡蛋打匀，分 3 次加入打发好的黄油中，每次都要打发到鸡蛋与黄油完全融合；打发完成后，黄油呈现体积膨松、颜色发白的奶油霜状；加入风味粉（抹茶粉/可可粉）；加入面粉、酒糟粉，用刮刀将黄油与粉末拌匀；将面糊装入裱花袋，裱花成型；烤箱预热后，烘烤：上下火，170℃，10min 左右。烘焙完成后，自然冷却。

经研究，酒糟添加量在酒糟：小麦粉＝1：3～1：2 时得出的酒糟曲奇饼干感官品评结果良好，均可以运用到大规模生产中，口感酥松，有明显的风味气味（抹茶味或巧克力味）、无明显酒糟味。

6.5.5　酒糟生产蛋白和多肽

6.5.5.1　酒糟生产蛋白

（1）将鲜酒糟置于真空低温冷风干燥机中，于 40～45℃环境下干燥至酒糟水分含量在 46％～48％。

（2）将冷风干燥后的酒糟进行粉碎，过 60～80 目筛，得到湿润粉料，将湿润粉料送入微波处理设备中，于微波频率 2450MHz、功率 500W 下间隔微波处理，间隔时间为 5min，每次微波处理 10min，连续进行 3～4 次。

（3）在微波处理后的湿润粉料中加入麸皮，麸皮的加入量为湿润粉料质量的 5％～8％，搅拌均匀，得到混合基质。

（4）由磷酸氢二钾 5g、生香酵母 2g、硫酸铵 2g、硫酸镁 3g、无水乙醇 5g、磷酸镁 2g、氯化钠 10g、纯水 100g 质量的组分配制成营养液。用营养液将混合基质的水分含量调至 35％，调整 pH 值为 5.5，再加入混合基质质量 1％～3％的鲜猪骨粉、0.3％的大曲粉、0.2％的磷酸二氢钾和 0.2％的富硒酵母，混匀后进行灭菌处理，得到发酵培养基。

（5）向发酵培养基中接种混合菌种 5％，混合菌种为木瓜蛋白酶、绿色木霉、康宁木霉菌、热带假丝酵母和枯草芽孢杆菌任意几种等体积比的混合物，在恒温培养箱内保持 30～40℃培养 3～8d，得到高蛋白粗酒糟。

（6）将高蛋白粗酒糟送入研磨机，连续研磨 2h，过 90～120 目筛，于 50～55℃烘干，再粉碎得到高蛋白酒糟粉。

据此方法得到的高蛋白酒糟，粗蛋白含量高达 42％。

6.5.5.2　酒糟提取多肽

（1）酒糟脱脂处理

将酒糟进行脱脂。

（2）提取水溶性蛋白

从脱脂处理过的酒糟中提取水溶性蛋白。将酒糟采用碱液溶解于醇水溶液，以沉降出固体，得到滤液，碱液加入量为使 pH 为 8～13 的用量，醇水溶液的质量分数为 50％～80％；将上述滤液采用 400～600 目滤膜进行浓缩，再使用 400～600 目滤膜进行过滤，过滤条件为在酸性条件下进行，加入酸液的量为使 pH 为 2～6 的用量，得到固体组分，将固体组分溶于水，而后离心。

（3）混合菌发酵

在提取水溶性蛋白后的酒糟中加入由里氏木霉菌、解淀粉芽孢杆菌、枯草芽孢杆菌、巴氏地衣芽孢杆菌所组成的混合菌进行发酵，混合菌以菌液的形式加入，里氏木霉菌液、解淀粉芽孢杆菌液、枯草芽孢杆菌液、巴氏地衣芽孢杆菌液体积之比为 1：(0.5～0.8)：(2～3)：(1～2)，所述里氏木霉菌液的活菌数 3×10^{10}～5×10^{10} cfu/mL，解淀粉芽孢杆菌的活菌数为 2×10^{10}～4×10^{10} cfu/mL，枯草芽孢杆菌液的活菌数为 4×10^{10}～6×10^{10} cfu/mL，巴氏地衣芽孢杆菌液的活菌数 3×10^{10}～5×10^{10} cfu/mL。发酵温度为 45～55℃，发酵时间为 36～72h，发酵 pH 为 4.5～5.5，氧气通入量为 0.3～0.6m³/(min・m³)。

（4）酶解

将所提取的水溶性蛋白和发酵后的残余酒糟在蛋白酶下酶解，酶解在碱性条件下进行。

此酒糟提取多肽的方法中，于蛋白酶酶解之前采用里氏木霉菌、解淀粉芽孢杆菌、枯草芽孢杆菌、巴氏地衣芽孢杆菌的混合菌进行发酵，可将酒糟中的木质纤维和半纤维等降解为多糖等小分子，从而避免了纤维素和半纤维对蛋白质的束缚，增大蛋白质与蛋白酶的充分接触，提高蛋白质的酶解效果，保证了得收率。

6.6　酒糟生产有机肥

酒糟含有大量粗脂肪、粗淀粉、粗蛋白以及丰富的氮磷钾和多糖等成分，是极好的有机肥源。有机肥可以改良土壤，改善地力，使土壤恢复正常的生态平衡，可增加土壤有机质含量，形成团粒结构，提高土壤透气、保水、保肥性能，从而有利于作物根系的生长，提高和改善植物品质和产量，因此利用酒糟制作有机肥料，既能解决环保问题，变废为宝，又可以为绿色农业生产提供优质的有机肥料，减少化肥的使用量，具有较高的经济效益、环保效益和社会效益。

将耐高温、耐酒精、耐酸碱特性的甘蔗兰希氏菌与现有腐熟菌科学复配，制成酒糟腐熟剂，然后直接接种于新鲜白酒酒糟，无需进行降酸、降酒精等预处理即可快速高温堆肥腐熟成优质有机肥，减少了处理工序，节约了人力、物力、财力和时间，比现有制备周期缩短 26～27d，有效防止了酒糟的二次污染腐败和土壤碱化，保护了环境和土壤，显著提高了有机肥料的产量和质量。

6.7　酒糟生产活性成分

6.7.1　酒糟提取黄酮

受蒸馏工艺的影响，苦荞酒的制作过程中，不挥发的黄酮物质很少进入酒中，大量残留在酒糟中。因此将酒糟中的黄酮提取出来，然后再加入酒中是一个提高荞麦酒中黄酮含量的一种有效可行的方法。

现有苦荞麦黄酮提取方法主要为索氏法或超声法，索氏法仅适于小规模提取，不适于工业化生产，而超声提取由于噪声污染等问题应用受到限制，回流提取在目前工业化生产应用较为广泛。在应用乙醇回流提取苦荞麦酒糟黄酮的工艺流程中，乙醇的浓度、料液比、提取时间等参数对黄酮的提取率都会产生影响。

6.7.2　酒糟制备酵素

酵素一词包含酶、产酶微生物、相关调节因子以及相互作用因子，如激活剂、抑制剂、协同及反馈调控因子等，称为广义的酵素，强调微生态整体。人体肌肤中存在多种酵素，以帮助表皮细胞的再生以及皮脂腺、汗腺的分泌。利用现代生物技术制备的有益酵素加入美容产品中，既可清洁皮肤、去除油脂、消除青春痘、淡化皱纹，也能彻底改善肌肤状况，使其紧实、细致、有光泽。

利用酒糟提取活性成分研制化妆品可大大提高酒糟的附加值。酒糟中提取的酵素可以用来制作护肤品，例如某化妆品的神仙水其 90% 以上的成分是一种称作 Pitera 的酵素，最初正是从酿造清酒的酒糟中提取出的。某品牌旗下 PDC 酒糟面膜中也含有酒糟提取活性物质，使其具有极强的保湿作用和抗衰老作用。与日韩相比，国内针对酒糟活性物用于化妆品生产的相关研究很少。今后分析酒糟中抗氧化活性成分以及多种生物酶活性成分，进一步研制相关化妆品，将成为酒糟高值化利用的一个新的研究方向。

6.8　酒糟利用前景

酒糟中营养成分丰富，具有非常高的开发利用价值。酒糟作为饲料是目前酒糟处理最广泛的方式之一，作为饲料处理不会对环境造成污染，但是具有较大的地域局限性，且酿酒过程中添加的稻壳含有植酸，会影响动物对酒糟蛋白的吸收。另外，酒糟中的蛋白质被纤维素等纤维木质素类物质包裹，不易被释放到细胞外，难被生物利用，导致饲用品质下降。因此，对酒糟经过必要的加工再作为饲料可以提高饲料的品质，也可更深程度地利用酒糟中的营养物质。

酒糟作为能源利用，例如利用酒糟发酵产沼气方式，产量不稳定，而且产生的沼液处理困难，未经处理进行排放不能达到国家环保要求，因此存在环境污染的隐患。

结合酒糟生产化工原料的研究，利用便宜的原料制得了价值相对较高的化工制品，但所制得产品的纯度较化学工艺所生产的纯度低，并且后续提纯和精制的工艺要求高。

利用酒糟生产食用菌的研究上，虽然已经有了很多的报道，但研究重心主要集中在可行性和配方研究，大部分仅限于实验室研究，还未形成规范的企业生产模式。

综合来看，利用酒糟生产食用菌、加工饲料、制备有机肥、生产酵素等单一处理方式都是比较可行性的研究，也都符合当前经济发展形势。笔者认为，今后酒糟的处理应采取多种途径相结合的方式，互相弥补不足，全面利用酒糟中的各种营养成分，最终处理掉生产过程中所产生的废弃物，防止污染、避免浪费、变废为宝，这对我们国家酿酒行业清洁化生产具有十分重要的意义。

参 考 文 献

[1] Fabjan N, Rode J, Kosir I J, et al. Tartary buckwheat (Fagopyrum tataricum Gaertn.) as a source of dietary rutin and quercitrin [J]. *Journal of Agricultural & Food Chemistry*, 2003, 51 (22): 6452.

[2] Mir N A, Riar C S, Singh S. Nutritional constituents of pseudo cereals and their potential use in food systems: A review [J]. *Trends in Food Science & Technology*. 2018, 75: 170-180.

[3] Nakamura K, Naramoto K, Koyama M. Blood-pressure-lowering effect of fermented buckwheat sprouts in spontaneously hypertensive rats [J]. *Journal of Functional Foods*. 2013, 5 (1): 406-415.

[4] Sun T, Ho C T. Antioxidant activities of buckwheat extracts. [J]. *Food Chemistry*, 2005, 90 (4): 743-749.

[5] Tang C, Peng J, Zhen D, et al. Physicochemical and antioxidant properties of buckwheat (Fagopyrum esculentum Moench) protein hydrolysates [J]. *Food Chemistry*. 2009, 115 (2): 672-678.

[6] Wenlai F, Michael C Q. Characterization of aroma compounds of Chinese "Wuliangye" and "Jiannanchun" liquors by aroma extract dilution analysis [J]. *Journal of Agricultural and Food Chemistry*, 2006, 54 (7): 2695-2704.

[7] Wu W, Wang L, Qiu J, et al. The analysis of fagopyritols from tartary buckwheat and their anti-diabetic effects in KK-Ay type 2 diabetic mice and HepG2 cells [J]. *Journal of Functional Foods*. 2018, 50: 137-146.

[8] Zhang W, Zhu Y, Liu Q, et al. Identification and quantification of polyphenols in hull, bran and endosperm of common buckwheat (*Fagopyrum esculentum*) seeds [J]. *Journal of Functional Foods*. 2017, 38: 363-369.

[9] Zhao Yu-ping, Zheng Xiang-ping, Song Pu, et al. Characterization of volatiles in the six most well-known distilled spirits [J]. *J Am Soc Brew Chem*, 2013, 71 (3): 161-169.

[10] Zhu F. Chemical composition and health effects of Tartary buckwheat [J]. *Food Chemistry*, 2016, 203: 231-245.

[11] 蔡国林, 张麟, 陆健. 利用啤酒糟制备高品质饲料蛋白 [J]. 食品与发酵工业, 2015, (2): 89-94.

[12] 陈燕. 苦荞抗性淀粉的制备、理化性质及其应用研究 [D]. 成都: 西华大学, 2017.

[13] 陈风风. 利用酒糟生产饲料的研究 [J]. 中国畜牧兽医文摘, 2011, (5): 175-176.

[14] 陈佳昕, 赵晓娟, 吴均, 等. 苦荞酒液态发酵工艺条件的优化 [J]. 食品科学, 2014, 35 (11): 129-134.

[15] 储金秀, 韩淑英, 刘淑梅, 等. 荞麦花叶总黄酮抗脂质过氧化作用的研究 [J]. 上海中医药杂志, 2004, 38 (1): 45-47.

[16] 戴铭成. 燕麦黄酒的开发及其营养与风味物质的分析 [D]. 内蒙古农业大学, 2014.

[17] 勾秋芬. 酿酒酵母发酵对苦荞中D-手性肌醇含量的影响 [D]. 成都: 四川师范大学, 2009.

[18] 顾宏帮, 史建裴, 曲济方. 从酒糟中提取植酸及菲丁的研究 [J]. 山西食品工业, 1995 (4): 5-7.

[19] 郭传广, 何松贵, 卫云路. 酒糟能源开发利用研究 [J]. 酿酒, 2017, 44 (4): 99-102.

[20] 郭刚军, 何美莹, 邹建云, 等. 苦荞黄酮的提取分离及抗氧化活性研究 [J]. 食品科学, 2008, 29 (12): 373-376.

[21] 侯小歌, 王俊英, 李学思, 等. 浓香型白酒糟醅及窖泥产香功能菌的研究进展 [J]. 微生物学通报, 2013, 40 (7): 58-64.

[22] 胡欣洁, 刘云. 苦荞米酒发酵工艺条件的优化 [J]. 食品研究与开发, 2013, 34 (3): 43-47.

[23] 黄丹丹, 周海媚, 李谣, 等. 苦荞红曲保健酒的抗氧化活性 [J]. 中国酿造, 2014, 33 (6): 99-102.

[24] 江海. ZnCl₂ 活化法酒糟谷壳制取糖用活性炭 [J]. 南昌大学学报（理科版），1997，21（3）：293-298.

[25] 姜莹，周文美. 发酵罐发酵荞麦酒工艺研究 [J]. 中国酿造，2017，36（1）：83-87.

[26] 蒋宏，潘帅路，张良，张宿义，胡承. 白酒丢糟制备活性炭的初步研究 [J]. 食品与发酵工业，2006，(6)：77-80.

[27] 李丹，丁霄霖. 荞麦生物活性成分的研究进展（2）-荞麦多酚的结构特性和生理功能 [J]. 西部粮油科技，2000，25（6）：38-41.

[28] 李丹，丁霄霖. 荞麦生物活性成分的研究进展-荞麦蛋白质结构、功能及食品利用 [J]. 西部粮油科技，25（5）：30-33.

[29] 李德. 白酒糟综合利用现状及多级链式开发技术研究 [J]. 酿酒科技，2018，(4)：101-105.

[30] 李福佳. 从浓香型固态白酒糟提取木糖 [D]. 山东：山东农业大学，2013：53-54.

[31] 李新华，韩晓芳，于娜. 荞麦淀粉的性质研究 [J]. 食品科学，2009，30（11）：104-108.

[32] 李玉田，徐峰，闫泉香. 苦荞麦黄酮对家犬肾缺血的影响 [J]. 中药材，2006，29（2）：169-172.

[33] 李园园. 苦荞酒发酵工艺研究及质量评价 [D]. 西华大学，2014.

[34] 李云龙，李红梅，胡俊君，等. 响应面法优化苦荞糟黄酮提取工艺的研究 [J]. 中国酿造，2013，(7)：38-42.

[35] 梁运祥，胡咏梅，赵述森，等. 一种以白酒糟为原料酿造酱油的方法 [P] 中国专利：A23L27/50，2016-03-23.

[36] 刘春，王红任. 啤酒糟青贮制作及在奶牛养殖中的实际应用 [J]. 中国乳业，2018，(3)：41-43.

[37] 刘辉，王灵敏，周天惠，等. 一种白酒酒糟有机肥及其制备方法和应用 [P] 中国专利：201710281465.2，2017.04.26.

[38] 刘萍，张东送，吴雅静. 我国苦荞麦的开发利用及存在的问题与对策 [J]. 食品科学，2004，25（11）：361-363.

[39] 刘文霞. 一种苦荞酵素的制作方法 [P]. 中国专利：201610122373.5，2016-06-22.

[40] 刘晓牧，吴乃科. 酒糟的综合开发与应用 [J]. 畜牧与饲料科学，2004，(5)：9-10.

[41] 卢向阳，饶力群，彭丽莎，等. 酒糟单细胞蛋白饲料生产技术研究 [J]. 湖南农业大学学报：自然科学版，2001，27（4）：317-320.

[42] 马霞，董炎炎，于海燕. 酒糟浸出液发酵产细菌纤维素工艺优化 [J]. 农业工程学报，2015，(8)：302-307.

[43] 阙斐，张星海，龚恕，等. 保健黄酒抗氧化活性及其中酚类物质的比较 [J]. 中国酿造，2008（11）：62-64.

[44] 任羽，王松，王涛. 酒糟栽培食用菌研究现状 [J]. 中国酿造，2017，36（3）：5-9.

[45] 沈秀荣. 利用啤酒糟生产食醋的研究 [J]. 中国调味品，2002，(10)：26-27.

[46] 沈怡方. 白酒生产技术全书 [M]. 北京：中国轻工业出版社，2011.

[47] 宋安东，张建威，吴云汉，等. 利用酒糟生物质发酵生产燃料乙醇的试验研究 [J]. 农业工程学报，2003，19（4）：278-281.

[48] 孙书静. 废酒糟生产精甘油 [J]. 化工技术与开发，2006，(4)：49-50.

[49] 唐玉明，姚万春，任道群，等. 酱香型白酒窖内发酵过程中糟醅的微生物分析 [J]. 酿酒科技，2007，12：50-53.

[50] 田殿梅. 不同品质高粱对浓香型大曲酒品质的影响研究 [D]. 重庆大学，2013.

[51] 万萍，胡佳丽，朱阔，等. 固态法酿造苦荞白酒工艺初探 [J]. 成都大学学报，2012，31（2）：124-127.

[52] 王春叶. 一种酒糟和酒糟废水综合利用的方法. 201711221141.6，2018-03-06.

[53] 王海燕，王腾飞，王瑞明．酒糟废渣发酵生产有机肥的研究［J］．酿酒科技，2007（8）：142-143.

[54] 王金华，李东生，陈雄．啤酒糟中水溶性戊聚糖的提取及纯化［J］．食品工业，2003，（4）：10-12.

[55] 王晓力，王春梅，王永刚，任海伟．酒糟营养成分检测及其酶水解研究［J］．中国草食动物科学，2014，（1）：28-31.

[56] 王兴东，牟明月，任雅奇，等．茅台酱香型酒糟中总黄酮即总多酚含量的测定［J］．中国酿造，2015，34（10）：86-89.

[57] 王准生．苦荞糯米保健酒的酿制［J］．酿酒科技，2005（2）：65-66.

[58] 王子栋，张英，李新刚．啤酒糟的处理与利用［J］．啤酒科技，2004：53-55.

[59] 谢善慈，李璐，陈泽军，等．浓香型白酒糟醅微生物分离方法初探［J］．酿酒科技，2009，1，55-57.

[60] 徐国俊，张玉，蔡雄，等．大小曲混合发酵苦荞酒工艺研究及风味成分分析［J］．食品工业科技，2015，36（6）：225-229.

[61] 闫泉香．苦荞麦黄酮的抗缺血作用研究［D］．沈阳药科大学，2005.

[62] 于萌萌，吕志凤，田开艳，等．以酒糟为原料的沼气发酵条件研究［J］．中国沼气，2018，（3）：67-71.

[63] 张超．苦荞麦蛋白质提取及应用的研究［D］．江南大学，2004.

[64] 张国权．荞麦淀粉理化特性及改性研究［D］．杨凌：西北农林科技大学，2007.

[65] 张季，严春临，王博奥，等．苦荞麦多糖对铅中毒小鼠的保护作用研究［J］．现代食品科技，2015，31（7）：12-17.

[66] 张世仙，张素英，曾启华，等．碱法提取茅台酒糟中水溶性膳食纤维的工艺研究［J］．中国酿造，2011，30（10）：126-128.

[67] 张素云，李谦，秦礼康，等．液态苦荞醋酿造过程中糖化及醋化工艺优化［J］．食品工业科技，2015，36（8）：222-225.

[68] 张郁松，等．世界六大蒸馏酒［J］．食品与健康．2002，11（2）.

[69] 张治刚，等．中国白酒香型演变及发展趋势［J］．中国酿造．2018，（3）：13-18.

[70] 赵爽，杨春霞，窦屾，等．白酒风味化合物及其风味微生物研究进展［J］．酿酒科技，2012（3）：85-88.

[71] 周小兵，郑璞．以白酒酒糟为原料发酵产丁二酸［J］．食品与发酵工业，2013，（2）：7-10.

[72] 周一鸣，李保国，崔琳琳，等．荞麦淀粉及其抗性淀粉的颗粒结构［J］．食品科学，2013，34（23）：25-27.

[73] 左光明．苦荞主要营养功能成分关键利用技术研究［D］．贵阳：贵州大学，2009.

[74] 左上春，杨海泉，邹伟．白酒酒糟资源化利用研究进展［J］．食品工业，2016，37（1）：246-249.